ゲッチョセンセのおもしろ博物学

虫と骨 編

盛口 満

ボーダーインク

まえがき

ぼくは千葉県の館山市《たてやまし》というところで生まれました。海辺の小さな街で生まれ育ったぼくは、小さなころは貝ガラ拾いが大好きでした。

「南の沖縄というところには、とってもキレイな貝がすんでいる」

図鑑を見るたびに、そんなことを思っていました。

「大っきくなったら、生き物がいっぱいいる南の国で、博物館を作りたい」

それが小学生時代のぼくの夢でした。

やがてぼくは大学に進むことになりました。そこで学んだのは、やっぱり生物学です。ところが大学を卒業したぼくが選んだのは、学校の先生という道でした。海のない埼玉県にある高等学校に、理科の先生として就職したのです。

「人間もいろいろいるんだなぁ」

ぼくが先生になって学んだことは、そのことでした。学校の生徒たちは、生き物好きのぼくのところに、次々に虫や骨を持ってきました。持ってこられた生き物はもちろんおもしろかったのですが、そうした生き物を持ってくる生徒たちもおもしろいって思うようになったんです。

埼玉で15年間、先生をした後、ぼくは沖縄に引っ越すことに決めました。そして沖縄でも小さな小さな学校の先生をすることにしました。

ぼくが今勤めているのは、那覇にある「珊瑚舎《さんごしゃ》スコーレ」という学校です。中・高生を中心に全校で30名ほどの生徒がいます。それ以外に週一回、大学で授業をしたり、あちこちの小学校でも授業をすることもあります。

沖縄に引っ越したばかりの頃は、どんな生き物がいるのかさっぱりわかりませんでした。でも、埼玉で先生をしていた時と同じように、学校の生徒たちやあちこちで出会った子どもたちのおかげで、しだいしだいに、沖縄の生き物たちに出会えていくことができました。この本では、こうしてぼくの出会った、沖縄の身近な生き物のことを紹介していきたいと思います。

もくじ

虫となかよくなろう

カマキリの卵のう

はじめまして。ぼくのあだ名はゲッチョといいます。本当はカマゲッチョというんだけど、長いからいつの間にかゲッチョになってしまいました。カマゲッチョというのは、ぼくの生まれた千葉の方言でカマキリのことをいいます(だからといって、ぼくの顔がカマキリに似ているわけじゃないんだけどね)。そこではじめにカマキリの話をしてみましょう。

カマキリの卵のうを見たことがありますか。卵のうというのは卵を包むふくろのこと。カマキリの卵のうはふわふわしたスポンジみたいなものですけど、これはカマキリの種類によって、形もつく場所もちがっています。ぼくの住んでいた埼玉で一番よく見かけたのはオオカマキリの卵のうでした。これはススキの草むらでよく見ました。でも沖縄にきたら、木のみきや枝につけられたハラビロカマキリの卵のうが、よく目に入ります。

チョウセンカマキリも、埼玉では田んぼわきの小さな木のみきに、卵のうがついているのに、沖縄では、公園のソテツの葉っぱにくっついていたので、びっくりしました。

たとえば、カマキリ一つとっても、沖縄と本土ではこんなふうなちがいがあるんです。そんな発見をしていきたいなぁとぼくは思っています。

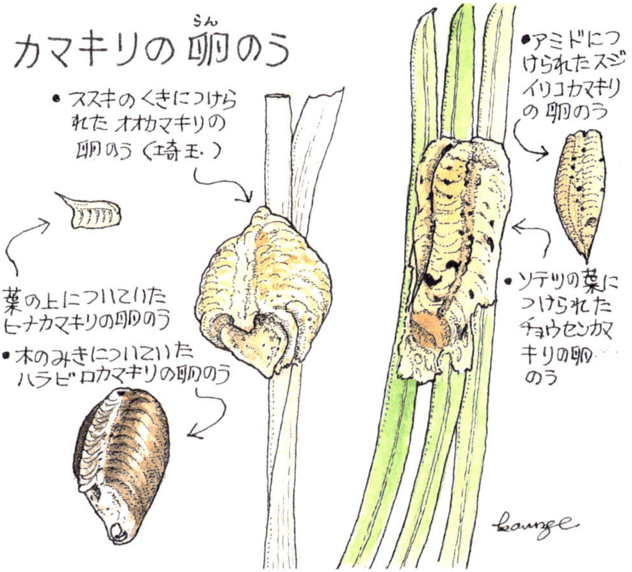

【ちょっと解説】
カマキリ類は泡状の分泌物《ぶんぴつぶつ》で卵をおおい、これがやがてかたまって卵のうとなる。オオカマキリでは、一つの卵のう内に、100～300個ほどの卵が入っている。沖縄で最も普通に見かけるのは、ハラビロカマキリの卵のう。

オオゴキブリ

みなさんは家で何か生き物を飼っていますか？ ぼくが飼っているのはゴキブリのゴキジロウです。

ゴキジロウは手の上にのせてもあまり動きません。ハネもないので飛んでにげることもありません。エサは朽《く》ち木です。ゴキブリというとイヤなイメージがありますが、こんなゴキジロウだったら飼ってもいいと思いませんか？

ゴキジロウはオオゴキブリという種類のゴキブリの幼虫です。成虫になるとハネがはえてきますが、やはり野外の朽ち木の中でくらす、おとなしいゴキブリです。ゴキブリは世界に約3700種類いますが、人間の家に入り込んで悪さをするのはそのうちのごく一部なのです。そして残りのゴキブリは、一生を野外ですごすのです。

糸満南小学校の4年2組にゴキジロウを持っていったら、すっかり人気者になってしまいました。「いつもは見たらにげていたけど、近くで見て、ゴキブリはそんなにこわくないんだなぁと思いました」というのはミカちゃん。「平気でさわれるようになったよ」というのはナオト君。ぼくも家の中に出るワモンゴキブリは好きではありませんが、ゴキブリにもいろいろいることを知ってほしいと思っています。

オオゴキブリ

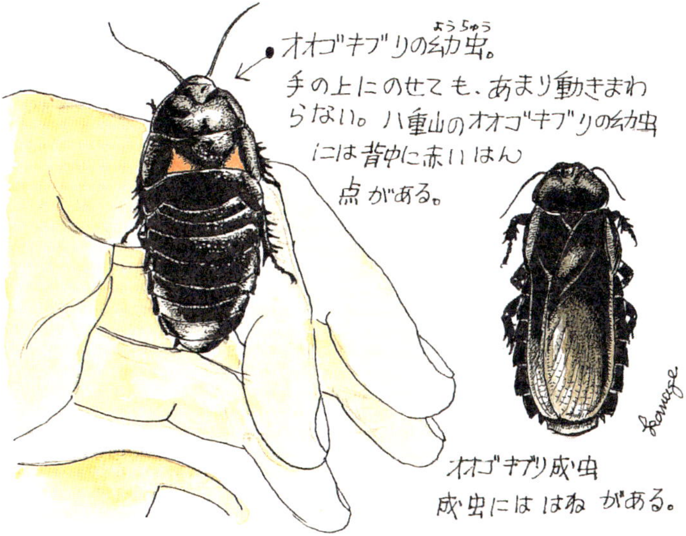
オオゴキブリの幼虫《ようちゅう》。
手の上にのせても、あまり動きまわらない。八重山のオオゴキブリの幼虫には背中に赤いはん点がある。
オオゴキブリ成虫
成虫には はね がある。

【ちょっと解説】

東北〜屋久島にかけて、オオゴキブリが分布し、八重山にはその亜《あ》種《しゅ》とされるヤエヤマオオゴキブリが分布している。ともに一生を朽ち木の中でくらし、人家の中に入ってくることはない。

ミノムシの中身

那覇の街中でも、植えこみなどの木々の枝に、ミノムシがぶらさがっていることがあります。ミノムシのミノは目にすることがありますが、この中にどんな虫が入っているのか、のぞいたことはありますか？

ミノムシのミノの中にはイモムシが入っています。そして時々ミノを背負いながら、葉っぱを食べ歩いています。しかしある時期になると、ミノが枝にしっかりとくっつき、動かなくなります。この時、ミノの中ではイモムシがサナギに変化しているのです。では、サナギから、どんな成虫がでてくるのでしょうか。これが、オスとメスでは全然ちがった形の成虫になるのです。オスの方は、やがてミノのおしりからサナギが顔を出し、そこからハネのはえた成虫がすがたをあらわします。ミノムシはガの仲間なのです。ところがメスの方はいつまでたってもミノの中です。ミノの中をのぞいてみると、サナギのカラにつつまれたままのメスを見ることができます。このメスは、ハネもあしもなく、頭さえもはっきりしません。ただ大きなおなかだけが目立っていて、オスがメスのミノへ飛んできて交尾《こうび》したあと、ミノの中に卵を産んで一生を終えるのです。ミノムシは意外とヘンテコな虫です。

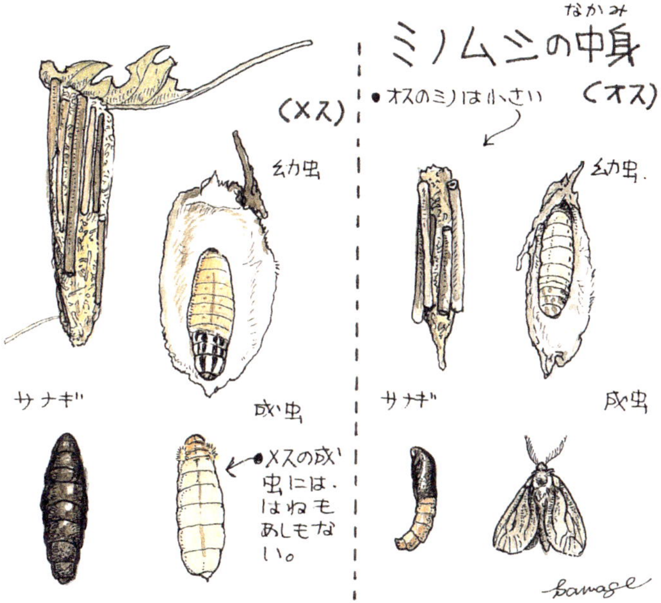

【ちょっと解説】

ミノムシは、ミノガ科の仲間の幼虫を指して言う。ミノガの仲間は日本からは20種ほどが知られている。オオミノガ、チャミノガなど、それぞれの種類で、成虫の形だけでなく、ミノの形も違う。

ドロの家

西表島《いりおもてじま》にくらす友だちのヒゲさんは、林の近くの木造の家に住んでいます。ヒゲさんの家は林に近いのでいろいろな生き物がやって来ます。庭にはセマルハコガメが遊びに来るし、家の中にまでカグラコウモリが入ってきたりもします。

その家のかべに、いくつものドロのかたまりがついていました。何だろう？ と思って中を割ってみたら、その中からイモムシが何びきも出てきました。中には、イモムシのかわりに、ハチのサナギが入っている小部屋もありました。このドロのかたまりはハラナガスズバチの巣だったのです。このハチの親は、幼虫のエサとしてイモムシをつかまえ、ドロで作った巣の中に蓄《たくわ》えるのです。こうして蓄えられたイモムシは死んでいるのではありません。親バチに針で刺され、体がマヒしているだけです。そのため蓄えられたイモムシは、はいまわる力はありませんが、ドロの巣に閉じこめられた後でもフンをしたりはします。そしてこのしんせんなエサにハチの幼虫はかぶりつく、というわけです。西表島、石垣島をあちこち見て回りましたが、ヒゲさんの家にはとびきりこんなハチの巣がたくさんついていました。どこかへ行かなくても生き物の観察ができるなんてと、ちょっとうらやましく思っています。

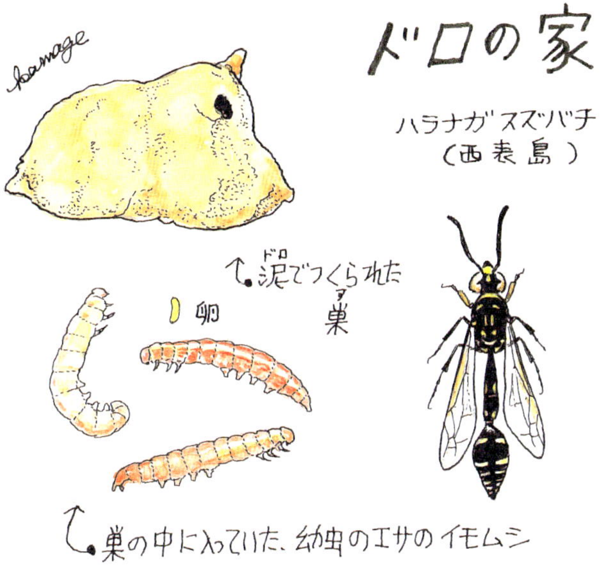

【ちょっと解説】

ドロバチ科のハラナガスズバチは、沖縄から台湾にかけて分布している。よく似た種類に、クロスジスズバチがいる。スズバチというのは、泥《どろ》で作った巣が、土鈴《どれい》(土で作った鈴)に形が似ているため。

変なミノムシ

「これ何？ 大そうじした時に、窓のわくのとこで見つけたんだけど」

友だちのヒゲさんの家へ遊びに行った時、そういってガラスビンの中の虫を見せられました。ガラスビンの中には、ひょうたん形の小さな虫の巣が入っています。巣とはいっても、この中の幼虫はこの巣をかついで動きまわるので、ちょうどミノムシのミノのようなものです。

日本の伝統楽器につづみというタイコがあります。この虫のミノはこのつづみに形が似ているので、ツヅミミノムシと呼ばれたりもします。でもこれがこの虫の本当の名前ではありません。マダラマルハヒロズコガというのが本当の名前です。じつはぼくはこの名前を覚えられずにいて、この時も図鑑《ずかん》をひっぱりだしてきて、ヒゲさんに名前を教えました。そしてみんなで「マダラマルハ……」と何回かくり返して言って何とか名前を覚えようとしたのです。

しばらくたって、家の近くの公園の森で、たおれた木の皮をめくったらこの虫がいました。「えーとこの虫は……」。やっぱりぼくはこの虫の名前を忘れてしまっていたのでした。この虫を飼ったこともありますが、まだ成虫を見たことはありません。名前を覚えることと成虫まで育てることが、ぼくの宿題です。

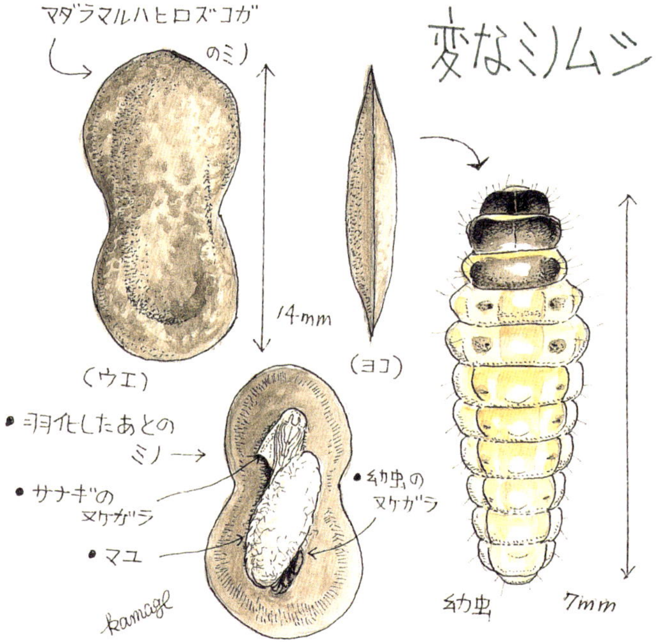

【ちょっと解説】

マダラマルハヒロズコガは、本土でも普通に見られる。朽ち木の中や樹皮《じゅひ》下から見つかることが多いが、最近、この虫の幼虫はアリの幼虫などを食べるということがわかってきた。

ドングリの虫

「これ食べられる？」「虫のフンみたいなのあるよ」

子どもたちとドングリのクッキングをしました。その時、ドングリのカラをむいているそばからそんな声があがってきます。ドングリはシブをぬくと人間も食べることができますが、虫たちにとってはゴチソウです。

ぼくたちがドングリクッキングをするときは、カナヅチでまずかたいカラを割らなくてはなりません。虫たちにとってもこのかたいカラはてごわいものです。そこでドングリを食べることのできる虫は、特別な虫たちです。

ドングリの中で見つかる虫の一つはシギゾウムシの仲間の幼虫。この虫の成虫には長いドリルのような口があり、これでかたいカラに穴をあけ、卵をうみこみます。そしてもう一つがキクイムシの仲間です。

キクイムシは名前のとおり、材木を食べてくらす虫です。でも中にはドングリを食べるものもいます。材木を食べる虫なら、かたいカラもへっちゃらというわけです。秋に拾ったドングリを割っている時、ぼくは初めてこのドングリを食べるキクイムシを見ることができました。キクイムシの場合は、卵や幼虫だけでなく、成虫もドングリの中で見つけることができます。今度穴のあいたドングリを見たら中をのぞいてね。

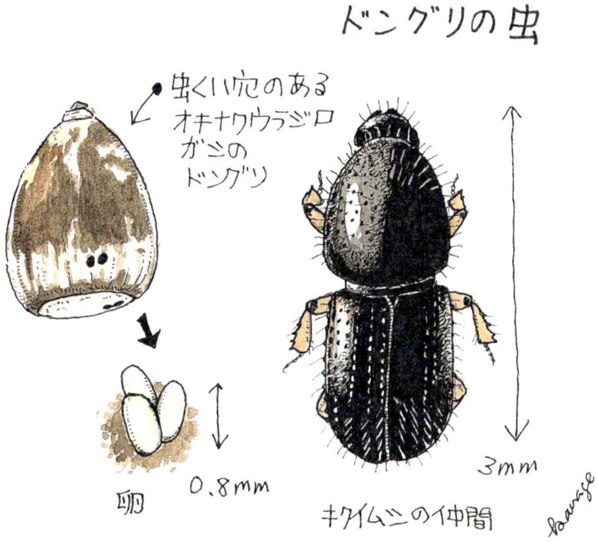

【ちょっと解説】

沖縄のシイ、アマミアラカシ、オキナワウラジロガシなどのドングリの中からは、よくゾウムシ科のシイシギゾウムシの幼虫が見つかる。キクイムシはキクイムシ科に属し、よく似た種も多く、名前を調べるのは難しい。

シミ

「ねぇゲッチョ。家にゴキブリのようなムカデのような小さな虫がいっぱいいるんだよ。何だと思う？」

学校でキカにそうきかれました。でもこれだけだと、どんな虫かわかりません。キカにもう少し話をきいてみることにしました。

「押し入れの中とかにいるの。で、体の色は灰色だよ」

なるほど、なるほど。わかってきました。キカのいうのはシミという虫です。ぼくの家の押し入れにもすんでいます。

シミは漢字で「紙魚」と書きます。シミは雑食で、何でも食べます。昔の本は和紙でできていました。そしてこの和紙でできた本を、シミがかじることもよくありました。昔の人は、銀色で細長い体をしたこの虫が、チョロチョロと本のすきまにもぐりこむのを見て、紙魚と名前をつけたのですね。よくみると、シミの体にはウロコみたいなものがついています。こんなところも紙の魚といわれた理由の一つです。

シミはオトナになってもハネが生えることはありません。一生ハネもなく、チョロチョロとはいまわっています。大昔、虫はハネがありませんでした。シミはそんな大昔の虫のすがたから、いまだにあんまり変わっていない虫なのです。さぁ、押し入れのスミでシミをさがして見てみましょう。

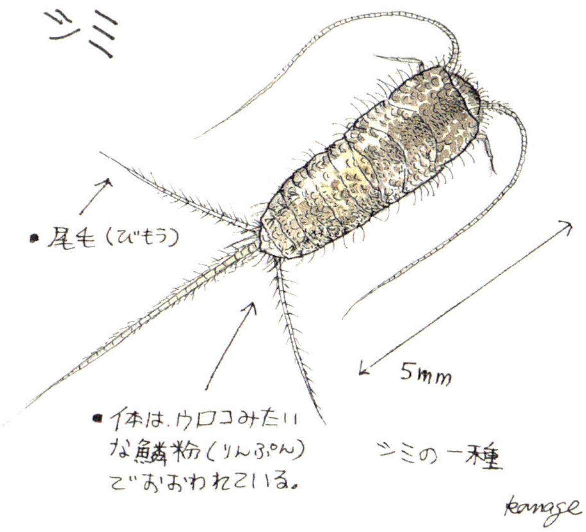

【ちょっと解説】

シミはシミ目という独自のグループに属する昆虫。日本からは10種ほどが報告されていて、中にはアリの巣の中でくらしている種類や海岸でくらす種類もある。また外国から帰化《きか》したセイヨウシミが屋内では増加している。

サツマゴキブリ

「変なゴキブリ見たんですよ。新種かな？ と思って」

ぼくは週1回、沖縄国際大で授業をしています。ある日の授業が終わった時、3人の女子学生たちが来てこんな質問をしてくれました。

「家の庭のウサギのエサを食べに来たんですよ」

「そうそう、新種だったら名前つけようって話になって」

「ひらべったくて、かたそうに見えてもゴキブリなんです」

そんなふうに3人で言いあっています。

この話を聞いてピンときました。ひょっとしたら？

3人のうちの1人、ナカムラさんが、ケータイ電話で撮った写真を見せてくれました。やっぱりです。サツマゴキブリでした。このゴキブリ、成虫になってもハネが生えません。体は小判型で、ちょっとかわいらしいかんじもします。それにふだんは野外でくらしていて、家の中に入ってくることがあまりないので、「見なれない変なゴキブリ」と思ったのですね。

「そうなんですか。新種のゴキブリってコーフンしたのに」

ナカムラさんはちょっと残念そう。

でも、野外にくらしているゴキブリはまだよくわかってないことも多いのです。よくよく探してみれば、本当に新種も見つかるかもしれませんよ。

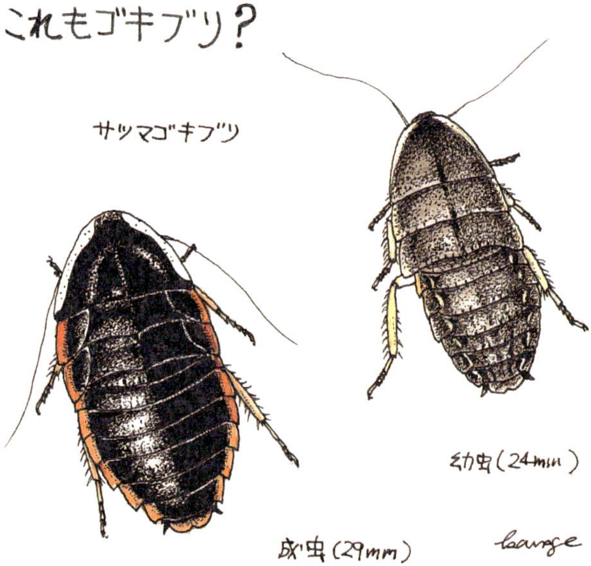

【ちょっと解説】

成虫になっても翅《はね》のないサツマゴキブリは、沖縄では人家近くの緑地などでよく見つかる。暖地性《だんちせい》のゴキブリで、沖縄から九州の海岸沿いにかけてよく見られる。また中国ではこの虫を漢方薬ともしている。

チョウとハエ

「ゲッチョ先生の家は骨でいっぱいなの？」

よくそう聞かれます。たしかに家のあちこちが骨だらけ。

「じゃあなにか生き物も飼ってますか？」

そうも聞かれます。でもぼくはあんまり生き物を飼いません。今飼っているのは、スッポンの子どもぐらい。ただ虫はとっかえひっかえ、短い間だけ飼っていますが。

秋の終わり、ミカンの木でまだ幼虫のままのアゲハの幼虫を2匹見つけました。「シロオビアゲハかな？」。そう思ってつれて帰りました。シロオビアゲハはそれまで飼ったことがなかったのです。しばらくすると、幼虫は次々にサナギになりました。ところがです。ふと飼育ケースを見ると、ケースの底に黒いタワラのようなものが落ちています。

じつはこれ、寄生バエのサナギです。寄生バエのウジは、チョウの幼虫の体の中にひそみ、食べあらします。それでもチョウの幼虫はサナギになります。そしてサナギになった時、寄生バエのウジは穴をあけて外に出てくるのです。こうなると、チョウはもう死んでしまいます。

せっかくだからと、ぼくはこの寄生バエも別の飼育ケースに入れて飼うことにしました。2匹のチョウの幼虫から、やがて1匹のハエと、1匹のチョウが羽化してきました。

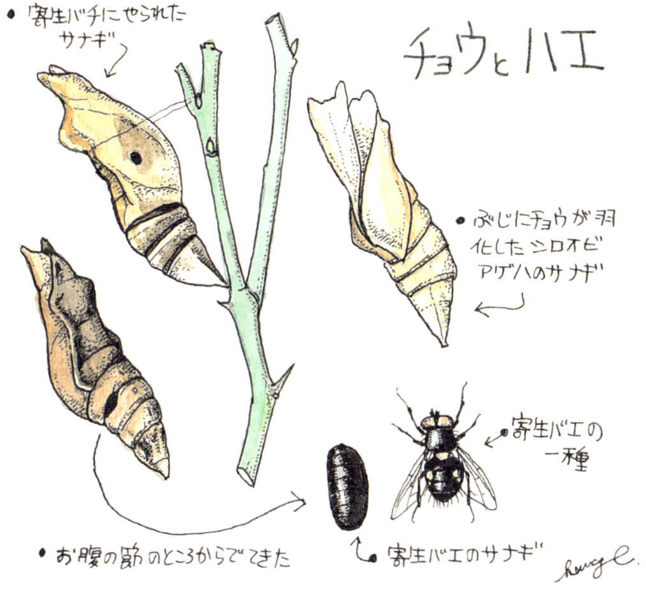

【ちょっと解説】

チョウのサナギから脱出してきたヤドリバエの仲間は、ハエの中でも最も種類の多いグループで、日本だけでも450種ほどが知られている。チョウのほか、コガネムシやバッタに寄生する種類もある。

そっくりさん

ヤンバルへ、小学生の子どもたちと山登りに行きました。

「虫いないかな」

さっそくそんな声が聞こえてきます。

「ここに虫がいるよ」

葉っぱの上に赤い虫が止まっています。つかまえたら、小さなアゴで指をかみました。アマミアカハネハナカミキリという、カミキリムシの仲間です。

「こっちに同じ虫がいるよ」

そんな声。やっぱり葉っぱの上に赤い虫がいます。でもよく見るとカミキリムシではありません。つかまえてもかみつきませんし、体もちょっとやわらかめ。今度の虫は、ベニボタルという虫です（ホタルのように光ることはありません）。

全然ちがう虫なのに、なぜこんなにもそっくりな色や形をしているのでしょう。じつはベニボタルの仲間は、体からイヤなニオイを出すのです。そのためこの虫は動物が食べないそうです。ベニボタルがまっ赤なのは、動物たちに「オレはおいしくないぞ」とアピールするためなんですね。そして、そんなベニボタルに似ていれば、カミキリも安全というわけです。ヤンバルの森に春、出かけてゆくと、こんな赤い虫たちに会えるんです。

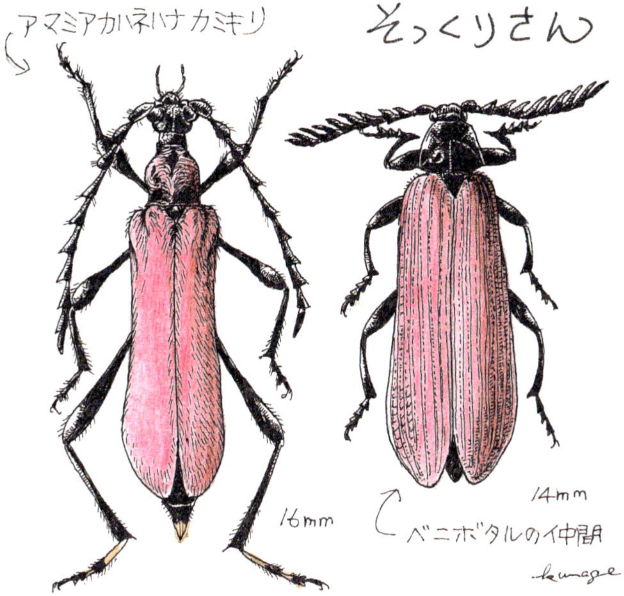

【ちょっと解説】

アマミアカハネハナカミキリは、奄美大島《あまみおおしま》、徳之島《とくのしま》、沖縄島から知られる美しいカミキリムシ。ベニボタルはベニボタル科の昆虫で、ホタルとは科は別であるが、分類的には近縁《きんえん》の昆虫である。

春のハチ

「ハチがいるよ」

ヤンバルへ山登りに行った帰り道、バスの中でそんな声がしました。そして西崎小2年生のマサキが、そのハチを手づかみでぼくにわたしてくれました。

このハチをもらってとてもうれしくなります。「見たいなぁ」と思っていたハチだからです。

体は毛むくじゃら。ミツバチに似ていますが触角がとてもりっぱ。オキナワヒゲナガハナバチです。春になると本土ではレンゲ畑があちこちで花ざかりになります。そのレンゲの花に、ニッポンヒゲナガハナバチがやってきます。沖縄ではレンゲ畑は見られませんが、よく似たハチはいるのです。このハチは春に出てくるハチ。ぼくの生まれ育った、千葉の春を思い出してしまいました。

「刺さないの？」

今度はそんな心配そうな声が……。だいじょうぶ。ヒゲナガハナバチといっても、触角がりっぱなのはオスなのです。そしてどんなハチでも刺すのはメスだけなんですよ。

ハチをぼくにくれたマサキはとっても虫が好き。ぼくも小さなころから、ヒゲナガハナバチと遊んだりしていました。マサキはどんな大人になるのかな？

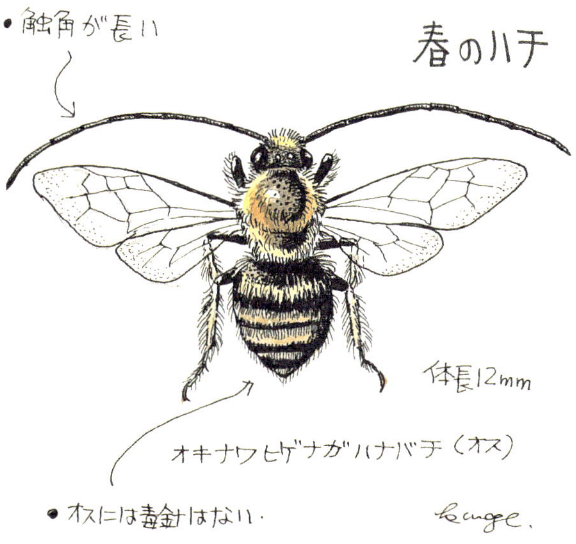

【ちょっと解説】

オキナワヒゲナガハナバチは、南西諸島固有種。トカラ以南、八重山にかけて分布している。本土には別種のニッポンヒゲナガハナバチが分布。この仲間のメスは、花粉と蜜《みつ》を集めて団子を作り、幼虫のエサとする。

三線の虫

「あれ？」

しばらくひいていなかったら、いつのまにかぼくの三線にはってあるヘビ皮に、小さな穴があいていました。

「おかしいな」

そう思ってトントンたたくと、穴から粉が落ちてきました。「もしや」と思って、三線のサオを抜いて調べてみたらやっぱり。ヘビ皮を虫が食べあらしていたのです。

出てきたのはみんな幼虫や幼虫のヌケガラばかり。毛がいっぱい生えたその幼虫はカツオブシムシの仲間です。この虫はカツオブシなど、乾燥食品が大好きなのですが、三線の皮まで食べちゃうんですね。

カツオブシムシは何種類もいます。このまま食べられっぱなしで終わるのはなんだかくやしいので、この幼虫を飼って成虫に育ててみることにしました。フィルムケースに幼虫を入れ、エサとしてニボシをあげます。時々フタをあけて中をたしかめながら待っていたら、ようやく成虫が羽化しました。その姿から名前がちゃんとわかります。ヒメマルカツオブシムシという種類でした。

名前がわかったものの、食べられてしまった三線はそのまま。やっぱりくやしさは残ってしまいました。

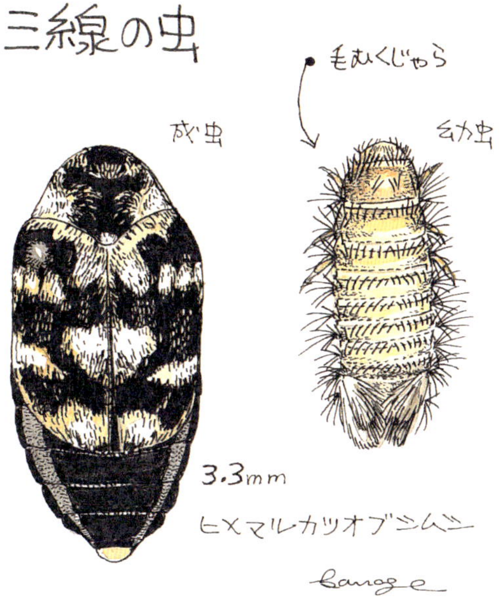

【ちょっと解説】

ヒメマルカツオブシムシの幼虫は、屋内のさまざまな動物質の乾物《かんぶつ》を食害《しょくがい》する。昆虫標本が食べ荒らされることもある。分布は世界各地。成虫は屋外の花上に集まっている姿も見る。

マユ

森の博物館という名前の観察会でヤンバルへ行ってきました。沖縄の山にはハブがいるので、足元を注意して歩かなくてはなりません。ハブばかりに気をつけていたぼくは、山道で何も見つけられませんでした。ところが、いっしょに歩いていたシナコちゃんが、山道でおもしろいものを見つけてくれました。それはアミの目があらいスケスケのガのマユです。

小学校の授業でカイコを育てたことのある人がいるかもしれませんね。カイコもマユをつくります。そしてこのマユから糸をとって着物をつくったりします。カイコは人間が育てるものですが、山にすむガにも、マユから糸をとりだせるものがいます。その代表がヤママユガで、このマユもヤンバルの山道で時たま見つけることができます。

山道で見つけたスケスケのマユは、このヤママユガの仲間のクスサンのものです。クスサンのマユからは着物用の糸はとれません。でもマユをつくる糸はじょうぶなので、昔はマユをつくろうとしている幼虫から、マユの糸のもとをとりだし、釣り糸用のテグスをとったそうです。シナコちゃんが見つけてくれたマユはもうガが羽化したあとの去年のものです。こんな空のマユは水に流されて海岸に落ちていることもありますよ。

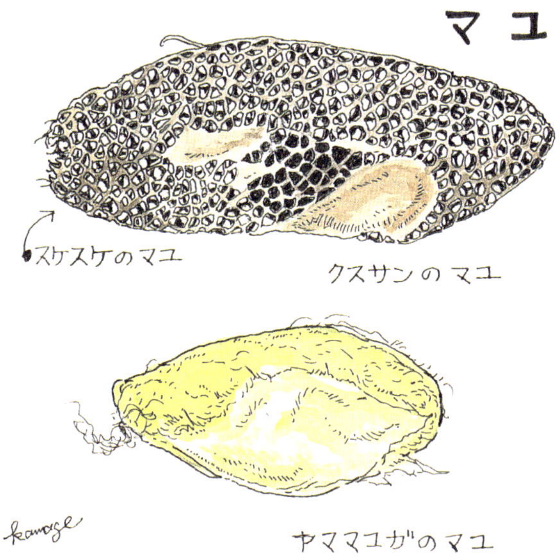

【ちょっと解説】

　クスサンは日本全土から、中国大陸にかけて分布。幼虫の食草は、本土ではクリ、イチョウなどさまざまな広葉樹で、沖縄ではエゴノキやタブなどである。スケスケのマユは、本土ではスカシダワラと呼ぶ。

イモムシの正体

「ベニボタルがいたよ」「ルリタテハの幼虫のヌケガラがさっきあったよ」。山道を歩きながらきこえてきた、小学校3年生のマリンちゃんのいうことにすっかりびっくりしてしまいました。「虫が好きなんだね」というと、その答えでもっとびっくりです。家にはガの幼虫を50匹ぐらいも飼っているというのです。しかも毒毛虫もその中にいるのです。

ぼくはマリンちゃんにはかないませんが、何度かガの幼虫を飼ったことがあります。森でみつけた幼虫が何というガの幼虫かわからなかったので、飼って成虫にしてその正体を見てみようと思ったからです。しばらく前に飼っていた幼虫は、体の胸のところに目玉もようのあるものでした。そしてつついておこらせると、頭をまるめ、おしりを持ちあげる変なポーズをとります。どんなガになるんだろうとワクワクして、せっせとエサのコウシュウウヤクという名前の木の葉をあげました。やがて幼虫はサナギになり、そしてガになりました。この幼虫はヒメアケビコノハの幼虫だったのです。後ばねが黄色のけっこうきれいなガが羽化したのでとってもうれしかったです。チョウを飼うのもいいですが、どんな成虫が羽化してくるのか楽しみにしてガの幼虫を飼うのもいいですね。

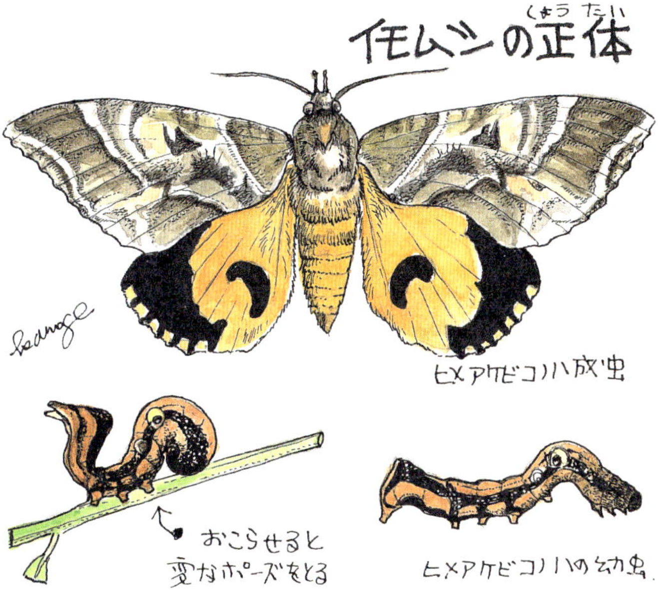

【ちょっと解説】
　ヒメアケビコノハは、沖縄のほか、本土、中国大陸、オーストラリア、アフリカなどに広く分布。幼虫の食草は、沖縄ではツヅラフジ科のコウシュウウヤク（イソヤマアオキ）。

ホタル

小・中学生の子供たちとホタルを見に行ってきました。

外にでかける前に、まずホタルはどんなところにいて、何を食べているのかな、と聞いてみました。するとその答えは、「川の近くにいる」「川の中の貝を食べている」というものでした。確かにホタルというとすぐ川を思いうかべてしまいますね。「だってこっちの水はあまいぞという歌もあるよ」とユーヘイは言います。

でも、沖縄で見られるホタルは、クメジマボタルをのぞいては、一生川の水の中に入ることはありません。そして幼虫時代の食べものも川の貝ではなくてカタツムリなどなのです。川のホタルというイメージは、本土のホタル(ゲンジやヘイケ)のイメージが強いためにあるものなんですね。

「あっ、ここにいた」

ホタル観察をしていたら、アツシがそう言って地面をライトで照らしました。ホタルの中には、幼虫時代ミミズを食べるものもいるよ、という話をしていたのですが、それをさっそく見つけたのです。小さなミミズの上に小さなホタルの幼虫が馬乗りになって食事をしています。アツシの発見に、みんな喜んで見入ったのですが、「よく見ると気持ち悪いなぁ」という声もこっそり聞こえてきました。

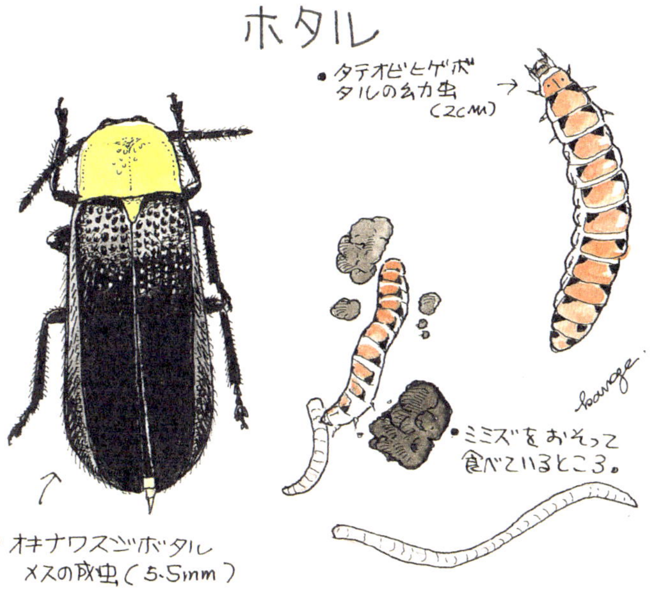

【ちょっと解説】

ホタルの仲間は、日本からは45種が知られている。沖縄島でホタル観察会の主役となるのが、オキナワスジボタルとクロイワボタル。タテオビヒゲボタルの幼虫はミミズを捕食《ほしょく》し、人もかまれると激痛を感じるので要注意。

カメノコハムシ

ぼくの家は那覇の街中のマンションなので、周りにはあまり緑はありません。それでも路地の土の上に、ちょっとサツマイモがうえられていたりします。そしてそのサツマイモの葉は穴だらけでした。

「だれが葉っぱを食べたんだろう？」。そう思って見てみると、犯人がいました。ヨツモンカメノコハムシという虫です。この虫はカメノコという名前のように、カメの甲《こう》らのような形をしています。

さて、もっとよく葉っぱの上をさがしてみることにしましょう。すると、いたいた。もっと変なものが目に入ってきます。一目見ただけでは何だかわからない形をしているのが、カメノコハムシの幼虫です。この幼虫は、トゲトゲの多い体の上に、自分の脱皮《だっぴ》ガラを背負い、さらにごていねいにも、自分のウンコをその脱皮ガラの上にぬりたくっているのです。

「えーっ、キタナイ」と思うかもしれませんが、虫たちも生きるのに必死なのです。手近なもので自分の姿をくらまして、敵に見つからないようにしているのです。おもしろいことに幼虫はこれだけ目だたないようにしているのに、成虫はそんな工夫をしていません。カメノコハムシの中には、成虫が金ピカに光るものさえいます。どうもよくわかりませんね。

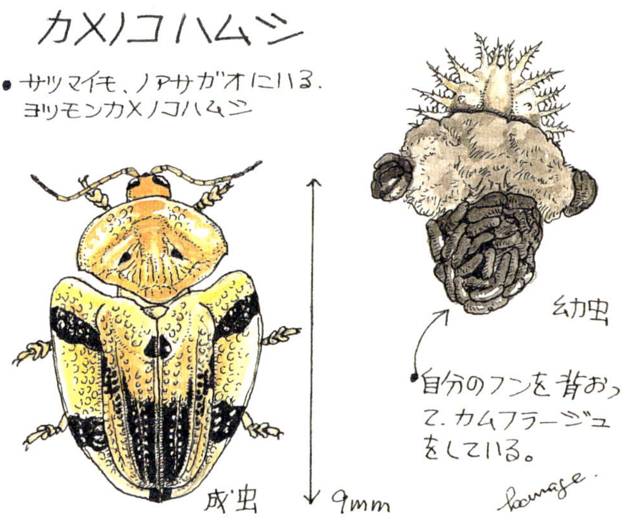
カメノコハムシ
・サツマイモ、ノアサガオにいる.
ヨツモンカメノコハムシ
成虫
9mm
幼虫
・自分のフンを背おって.カムフラージュをしている。

【ちょっと解説】

ヨツモンカメノコハムシは、沖縄島から東南アジア、インドにかけて分布している。サツマイモのほか、ノアサガオなど、同じヒルガオ科の植物の葉上でも見つかる。那覇の都市部でも姿を見る、身近な虫の一つ。

カタゾウムシ

「これ絶対につぶれんばー」

男の子がそう声をあげます。南風原町《はえばるちょう》の翔南小学校で虫の授業をしたときのことです。

クラスのみんなに、好きな虫と嫌《きら》いな虫の名前をあげてもらいました。人によって好き嫌いはいろいろです。でもこれが、たとえば自分が鳥になったとしたらどうでしょう。鳥は虫を食べるものも多いですが、その鳥にも虫の好き嫌いはあるのでしょうか。

鳥が嫌う虫の一つに、体がかたくて食べにくい虫があります。その代表がカタゾウムシ。クラスのみんなに、指でつまんでもらいましたが、かたくてびくともしません。

沖縄では、石垣、西表にクロカタゾウムシ、与那国にヨナグニアカアシカタゾウムシという種類がすんでいます。ところが、このカタゾウムシの種類が一番多いのはフィリピンなのです。そしてこのカタゾウムシは、ハネをかたくしたためか、飛ぶことができません。ではフィリピンからはなれた八重山へ、このゾウムシはどうやって来たのでしょう？ ひょっとして、海流に流されて来たんじゃないかと考えられています。でも、いつごろ、どんな様子でやって来たのかということは、まだナゾです。

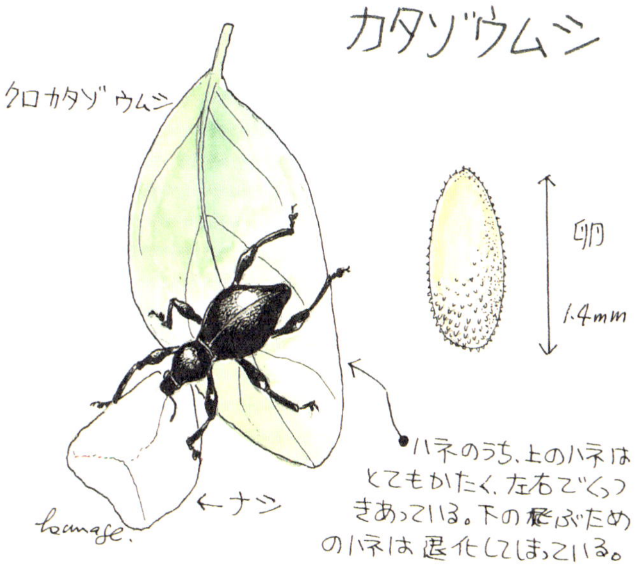
カタゾウムシ
クロカタゾウムシ
卵
1.4mm
←ナシ
ハネのうち、上のハネはとてもかたく、左右でくっつきあっている。下の飛ぶためのハネは退化してしまっている。
kamage.

【ちょっと解説】

カタゾウムシの仲間は、フィリピンに多くの種類がすんでいる。標本を作るために、虫ピンを刺そうとしてもなかなか刺さらないぐらい、翅《はね》がかたい。フィリピンなどでは、このカタゾウムシに擬態《ぎたい》する昆虫もいる。

ゼリー虫

西表島の森を歩いていたら、道のわきのアカメガシワの葉っぱの上でヘンテコなものを見つけました。

うす緑色で、少し透明《とうめい》っぽいかたまりが葉っぱの上にくっついています。どうも虫の幼虫みたいなのですが、初めて見るものでした。そしてその色や形は虫というよりちっちゃいゼリーのようです。

「お菓子《かし》のグミに似ているよ。何だか食べたら甘《あま》そうね」。いっしょに歩いていた友だちのアキちゃんもそう言います。ためしにさわってみると、ゼリーよりはしっかりしていますが、やっぱりかたくはありません。

連れて帰ってしばらく飼っていたのですが、どんな世話をしていいのかわからず、やがて死んでしまいました。

結局ゼリー虫の正体はわからなかったのですが、よく見ると小さい脚《あし》がついているのに気がつきました。そしてその形はガの仲間の幼虫に似ていました。そこで、虫にくわしい友だちのスギモト君にこの話をしてみました。

「ぼくも飼ったことがある。ぼくのはマユをつくったよ」スギモト君はそういいます。そしてどうやらイラガの仲間の幼虫らしいよ、と教えてくれました。それにしてもこの虫はなぜこんなゼリーみたいな形をしているのでしょうか。

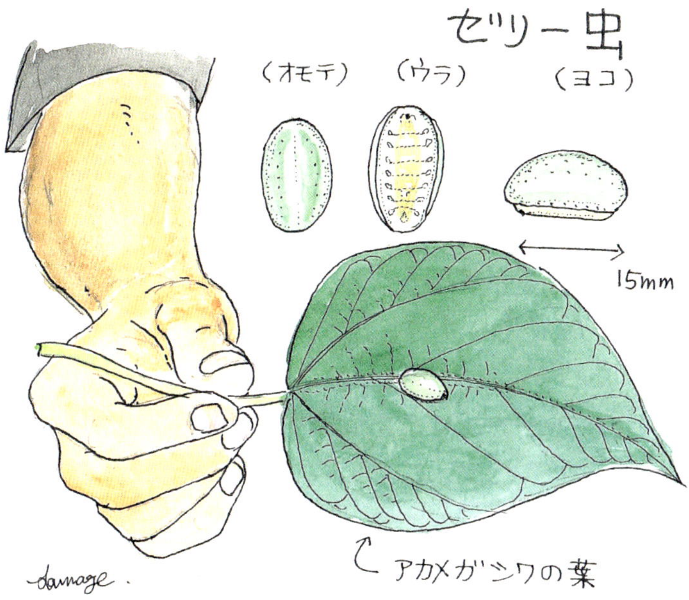

【ちょっと解説】

イラガの仲間の幼虫は、触《さわ》ると激しい痛みを感じさせるトゲを持ち、派手な装いをしているものが有名。一方でこのようにトゲを持たず、緑一色のものもいる。

骨に来る虫

ぼくの学校は那覇の与儀《よぎ》十字路近くのビルの中にあります。近くに公園はありますが、ほかは建物ばかりで生き物はそう見られません。ところがある日、学校のベランダで、青くひかる小さな虫を見つけました。

「何でこんなところに虫がいるのかな？」

それが気になってしまいました。それにこの虫は何という虫なのでしょう。

調べてみたら、この虫はアカアシホシカムシという虫でした。そしてこの虫は「骨によく集まる」と書いてありました。そこまで読んでナルホドです。さっそくもう一度ベランダに行きました。

ベランダのすみには、前に佐敷町で拾ってきた大きなウミガメの甲《こう》らが干してあるのです。ほとんど骨になっているのですが、まだ少し皮がついていて、そしてくさいので干していたのです。そのカメの甲らを見てみると、やっぱりいました。この虫が何匹も甲らの上を走りまわっています。

ベランダは日陰《ひかげ》もなく、晴れるととても暑くなります。その上にこんなくさいカメの甲らの上にすんでいるなんて、本当に虫も好きずきですね。えっ？ 学校のベランダにカメを干しているぼくらも変わっているって？ そうかもしれませんね。

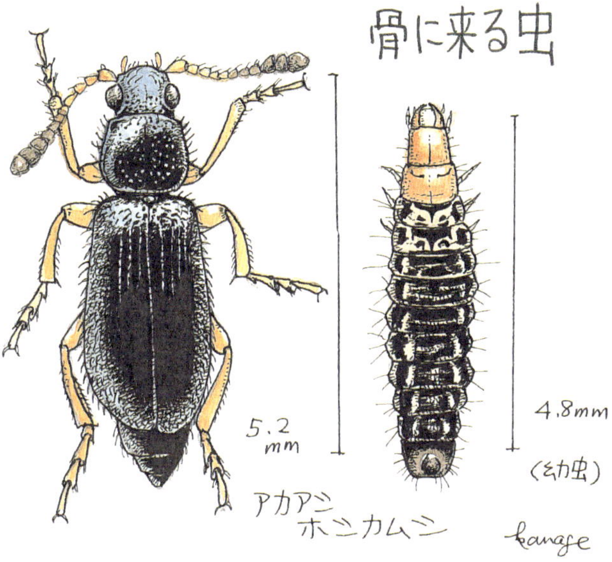

【ちょっと解説】

アカアシホシカムシは世界各地に分布している。乾燥した動植物質、特に動物の骨を好むといい、海岸に打ち上がり、ミイラ状になった動物の死体に集まっていたりする。

セミのヌケガラ

ぼくの学校の、夏の小中学生講座に参加した子供たちと、「夏の虫」についての授業をしました。

夏の虫、といったらなんといってもセミですね。そしてそのセミの中でも一番よく見るセミがクマゼミです。この授業では、セミの食べものの樹液をみんなに飲んでもらいました。ちょうど、北海道のおミヤゲの樹液100%のジュース(シラカバという木の樹液です)があったのです。

樹液ってあまそうだと思いませんか？ でも飲んだみんなの感想は「おいしくない」というものでした。

さて、次にクマゼミのヌケガラを配ってよく見てもらいました。ヌケガラをよく見ると背中の割れ目から白い糸みたいなものがでています。これは何でしょう。ヌケガラを割ってみると、おなかの中にもこの糸があります。

「ヘソのお」と言うのはユーヘー。「血管？」と言うのはリョウタです。残念ながらどちらもちがいます。しばらくして、コウイチロウが「空気のくだ」と言いました。これが大正解。セミは口ではなくて、おなかのわきの穴から空気を吸います。そしてその空気の通るくだがおなかから背中の方までつながっているのです。セミはおなかで空気を吸うので、ずっと口をはずさず樹液を吸えるんですね。

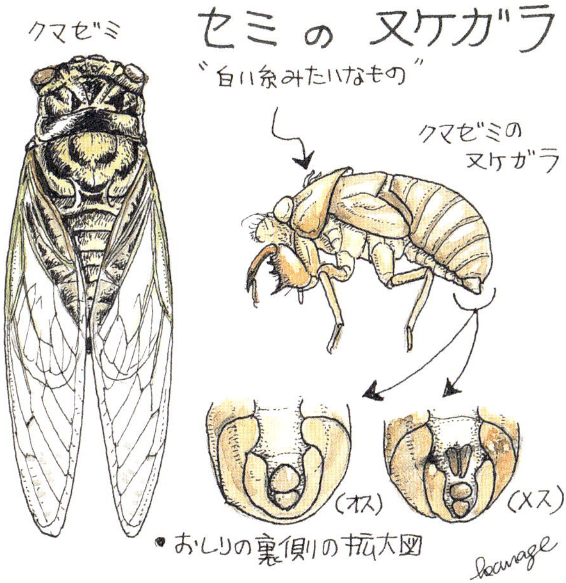

【ちょっと解説】

日本からセミは32種知られていて、そのうち沖縄県には18種のセミが分布している。これらのセミは、ヌケガラからでもそれぞれの種の識別《しきべつ》ができる。

サナギ

夏の小中学生講座の虫の授業で、「チョウとガはどこがちがうのだろう」と聞いてみました。

「ハネをたててとまるのがチョウで、開いてとまるのがガだよ」。ヨーヘーがまずそんなことを言ってくれます。中には「名前がちがうよ」と言ってみんなを笑わせた子もいました。「チョウはサナギになるけど、ガはサナギにならない」。そう言うのはユウキです。「えーっ、ガもサナギになるよ」。これを聞くとまわりからそんな声があがりました。

ガもサナギになります。でもユウキが言うことにも大事なことがかくれています。というのは、ガのサナギはチョウのサナギにくらべて目に入りにくいのです。チョウのサナギは木の枝によくついていますが、ガのサナギはマユの中に入っていたり、木の葉をまるめてその中にいたり、土の中にもぐっていたりするからです。

ガとチョウにはちがいがありますが、中にはハネをたててとまるガがいたり、チョウの中にもマユをつくってサナギになったり、落ち葉や石の下でかくれてサナギになるものもいて、これが決定的なガとチョウのちがい、というのを本当は一言ではいえません。だからガだけが人にきらわれてしまうことが多いのは、何だか不公平な気がしています。

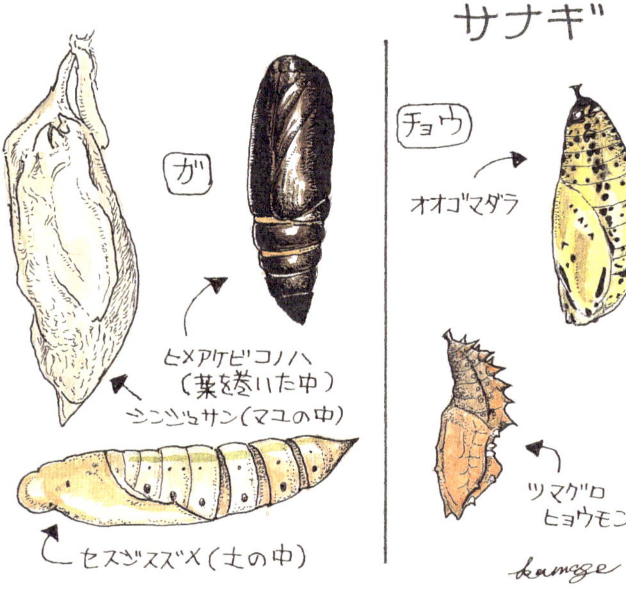

【ちょっと解説】

日本には、ガの仲間が約6000種、チョウの仲間が約250種いるという。チョウとガは同じく鱗翅目《りんしもく》の昆虫で、ガの仲間の一部をチョウと呼んでいるとも言える。そのため、両者の違いを一言で言い表すことは難しい。

ホウセンカのイモムシ

　オオゴマダラの観察記録をとりつづけている、マイちゃんの家に行ってきました。家の屋上にはチョウの温室があり、ベランダじゅうにチョウの食草がうえこまれていて、まるで虫の家です。

　マイちゃんと話をしていたら、「あのイモムシは何なの？」と聞かれました。マイちゃんの家の庭のアフリカホウセンカを丸坊《まるぼう》主《ず》にしてしまうという大きなイモムシについてです。「友だちはゾウサンと呼んでるよ」ともマイちゃんは教えてくれます。このイモムシ、ぼくも近所のアフリカホウセンカでみつけて、飼っていました。大きくなって葉を食べなくなったイモムシを、紙をちぎって入れた入れものの中に入れてあげたらサナギになり、1週間ほどでそこからガが羽化してきました。セスジスズメという名前のガです。「イモムシもおもしろいよね」とマイちゃんと話をしていたら、お母さんが「イモムシはかんべんしてね」と言って笑います。マイちゃんは虫大好き少女ですけど、本当はお母さんは虫が苦手なんだそうです。そんなお母さんもいっしょに虫の家をつくっているのはおもしろいですね。

　ぼくが小さいころ虫をとってきてもぼくの母親は何もいいませんでした。でもひょっとしたらイヤだったのかな？

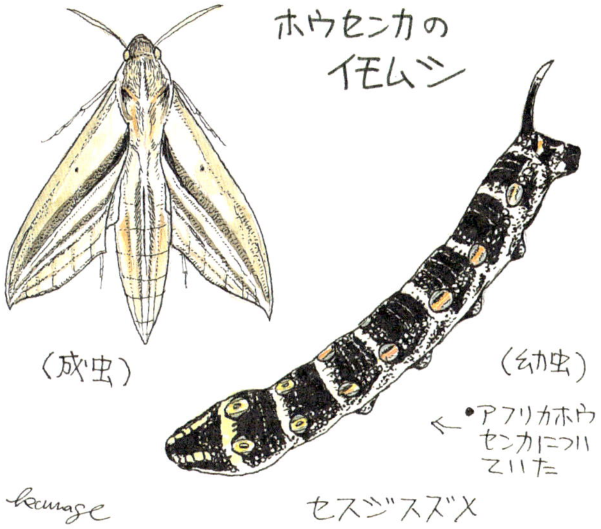

【ちょっと解説】

おしりに一本の突起《とっき》が突き出した大型のイモムシが、スズメガの仲間の幼虫の特徴。セスジスズメは日本全土から、中国、オーストラリアなどにも分布する。幼虫の食草は、ホウセンカ、サトイモなど。

タイワンカブトムシ

佐敷町の海岸で拾いものをしていたら、波うちぎわでタイワンカブトムシを拾いました。海でカブトムシを拾うなんて変だなぁと思います。きっとどっかから流されてきたのでしょう。そのしばらく後、友だちのヨギ君から電話がかかってきました。「タイワンカブトムシのサナギを見つけたから持っていくね」という話でした。

「このサナギ、変なとこで見つけたんだよ」

家にやって来たヨギ君は、サナギを見せてくれながらそんなことを言います。このサナギ、製材所の、木を切る機械の下で見つけたというのです。その機械の下にはオガクズがいっぱいたまっていて、その中にたくさんの幼虫やサナギがいたという話でした。たしかに変なところにすみついていたものです。

こんなふうに、今ではあちこちでタイワンカブトムシの姿を見る機会がありますが、この虫はもともと沖縄にいた虫ではありません。沖縄県でこの虫が最初に見つかったのは、今から80年前、石垣島のことです。そしてそれからじょじょにあちこちでも姿を見るようになりました。一番初めに石垣島で見つかったタイワンカブトムシはどこからどうやってやって来たのでしょう。ちょっと気になりますね。

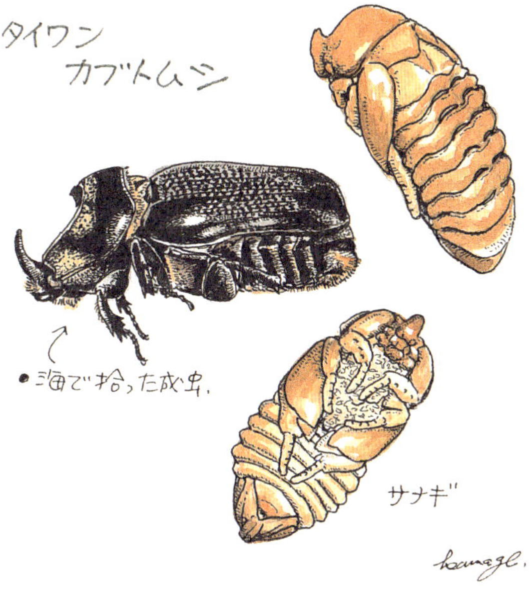

【ちょっと解説】

タイワンカブトムシは、大正15年に初めて見つかっている。台湾、東南アジアに分布する虫であり、またヤシ類の害虫としても名高い。そのためヤシ類の植木にまぎれて持ち込まれたのでは？ とも考えられる。

イワサキクサゼミ

「わー、すごいですねー」

タナガミさんがそう声をあげました。

知念のサトウキビ畑の朝。サトウキビの葉や茎《くき》のそこらじゅうにイワサキクサゼミという小さなセミがとりついていたのです。

北海道出身のタナガミさんには、こんな小さなセミがいるなんて信じられない様子。そしておそるおそる手をのばしてセミをつかまえようとしました。でも、だいじょうぶ。イワサキクサゼミはアミがなくても手でじゅうぶんつかまえられるぐらいおとなしいセミなのです。

「卵は土の中にうむの？」

いっしょにセミを見に行ったエントモさんはぼくにそうききます。いえいえ、メスのセミが卵をうむのはサトウキビやススキの葉脈のところです。卵をうみつけられた葉の葉脈には、卵をうむときにセミがつけたキズがササクレのようになっているので、すぐそれとわかります。そして葉脈の中でふ化した幼虫が歩いて土の中にもぐっていくのです。

「北海道の子供たちに、沖縄のセミをとどけますね」

そういってせっせとセミをとっていたタナガミさんですが、やっぱりかわいそうになってみんなにがしてしまいました。

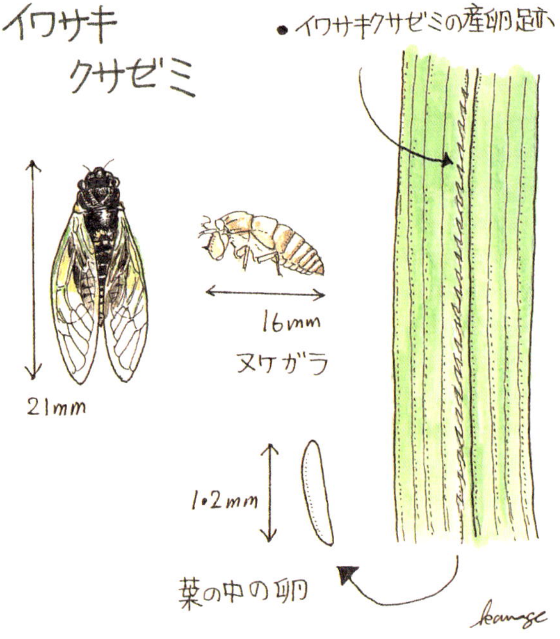

【ちょっと解説】

イワサキクサゼミは、沖縄島、宮古島、八重山、台湾に分布。サトウキビ畑で大発生している姿もよく見る。幼虫期は2～3年と短い。鳴き声はジーという単調なもの。

家の虫

「うちに変な虫がいるよ。ミノムシみたいで、ホコリかぶったようで、細長くてちっこいの」

ぼくの学校の生徒のキッキがある日そういいました。

「どっからでてくるのかなぁ。そうじしてもまたでてくるんだよ」キッキのお姉さんのミオもそういいます。

これをきいて、「ははぁ」と思いました。何の虫かわかったのです。しばらくしてキッキがこの虫を持ってきてくれました。やっぱりです。キッキの家にいた虫は、イガの幼虫でした。

イガは成虫になると小さなガになります。そして幼虫時代はフクロを作ってその中に入ってくらしています。その幼虫の食べ物が変わっていて、毛のセーターや鳥の羽などが大好きなのです。

「何かイガが食べそうなものは家の中にないかな？」ぼくがそういってからまたしばらく、キッキは「服についてたよ」と教えてくれました。そしてついでにお米の袋の中にいたコクゾウムシも持ってきてくれました。イガやコクゾウムシはもともとは野外でくらしていた虫たちです。イガなら、もともとは鳥の巣の中にすみついていました。でも今ではちゃっかり家の中にすみついている虫たちなのです。

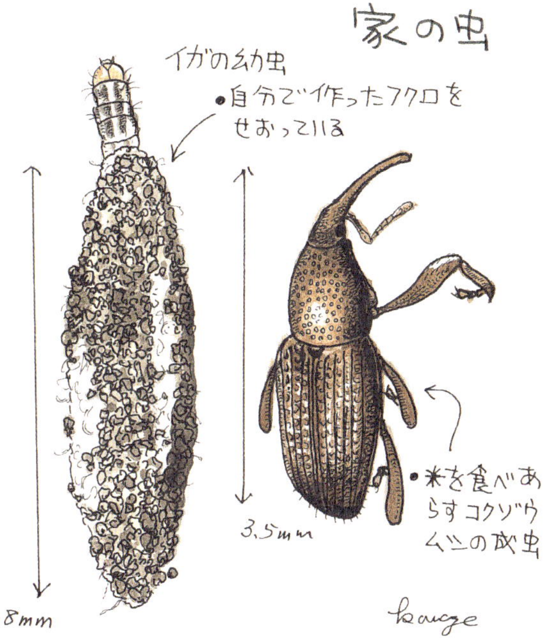

【ちょっと解説】

イガの仲間は、鳥の羽毛《うもう》や動物の毛などを好んで食べる。そのため、毛織物《けおりもの》が知らぬまにボロボロになっていた……ということがある。屋外では鳥の巣の中などでくらしている。

カイガラムシ

「ゲッチョ、これ何？　パン屋さんの植木の葉の上についていたんだよ。虫の卵かな？」

キッキがそういって葉っぱをぼくに手わたしました。見ると1ミリぐらいの小さなつぶが葉にくっついています。

「よく見つけたなぁ、こんな小さいもの」

「だっていっぱいついてたよ」

「このままだと何だかわかんないなぁ。顕微鏡《けんびきょう》で見てみよう」

そして顕微鏡でのぞいてみると、これは卵ではなくてカイガラムシでした。カイガラムシは葉や茎《くき》にくっついて、ストローのような口で植物の汁《しる》をすってくらしています。ほとんど動かず、形もふつうの虫っぽくありません。

「かわいい。クッキーみたい」

キッキは顕微鏡をのぞいてこんなふうに言ってくれました。

このカイガラムシ、意外なところで人間の役に立ったりもしています。たとえばサボテンにつくコチニールカイガラムシを干したものは赤い染料《せんりょう》になります。沖縄の伝統工芸、紅型《びんがた》の赤もこの虫から色を染めます。夏に食べる氷イチゴのシロップの赤にも使われていたりします。今度スーパーでシロップのラベルを見てみてください。

【ちょっと解説】

カイガラムシは、アブラムシやセミ、カメムシなどと同じく、半翅《はんし》目《もく》と呼ばれる昆虫の一員。メス成虫は体に分泌物をまとい、虫とは思えぬ姿をしているものも多いが、オスには翅があり、ずっと虫らしい形をしている。

アシダカグモ

宜野座村《ぎのざそん》の海岸を歩いていたときのことです。ひとやすみと思ってガケの下にすわりました。そしてふと後ろを見てびっくり。何だか変な生き物がいます。

よくよく見てその正体がわかりました。ベッコウバチが、大きなクモをひきずっているところだったのです。このハチはクモにマスイをかけ、巣穴の中にしまいこみます。そしてハチの幼虫はこうして親がつかまえたクモをエサに成長するのです。それにしても自分の体より大きなクモをくわえ、引きずり、ぶらさげて運ぶことにもびっくりでした。

このときハチが運んでいた大きなクモはアシダカグモというクモ。アミをはらずに走り回ってエサをとるクモとしては、日本で一番大きなクモです。ぼくは千葉県で生まれ育ちましたが、子供のころ、ぼくの家にもこのクモはよくすがたをあらわしたものです。

「このクモはゴキブリを食べてくれるから殺しちゃダメだよ」

ぼくの親はそう教えてくれました。千葉では家の中にしかすんでいないこのクモも、沖縄ではこうして家の外にもくらしているんですね。みなさんの家には大きなこのクモはすがたをあらわしますか？

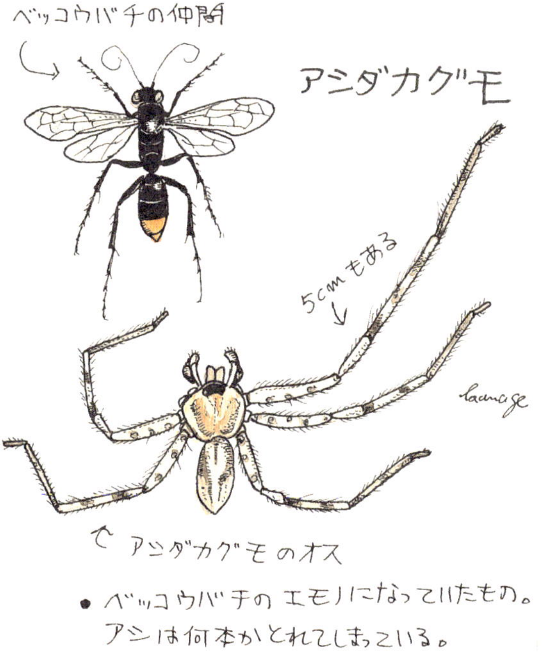
ベッコウバチの仲間
アシダカグモ
5cmもある
♂ アシダカグモのオス
・ベッコウバチのエモノになっていたもの。
アシは何本かとれてしまっている。

【ちょっと解説】

暖地性《だんちせい》のアシダカグモは、沖縄では屋外で見かけることが多いが、本土では屋内に住みつくクモとなっている。巣を作らず歩き回りながらエサを捜す。こうした徘徊性《はいかいせい》のクモでは、日本最大。

バナナセセリ

金武《きん》に遊びに行ったとき、イトバショウに葉っぱのへりがくるくるとまいたものがいくつもぶらさがっていました。

「ひょっとして……」

まいた葉っぱを広げてみたらやっぱりです。中に白いコナをまぶしたイモムシが入っていました。バナナの仲間の葉っぱを食べる、バナナセセリの幼虫です。一番大きいものを葉っぱといっしょにもって帰りました。一度広げてしまった葉っぱを幼虫はまた巻きもどして、糸でほどけないようにくっつけています。そしてしばらくしたら中でサナギになり、やがて成虫が部屋の中に飛びだしました。

「今から20年以上前、ぼくが高校生のときに、石垣島から沖縄本島へわざわざバナナセセリをとりに行ったんだよ。そのときはめずらしいチョウだと思ったんだよ」

友だちのゲンさんがそんな話を教えてくれます。

バナナセセリは1971年に、嘉手納《かでな》基地の近くではじめて発見されました。もともと東南アジアにすむチョウなので、アメリカ軍の荷物といっしょに沖縄にやってきたんだと考えられています。このころアメリカはベトナムと戦争をしていたのです。

1匹の虫にも歴史があるんです。

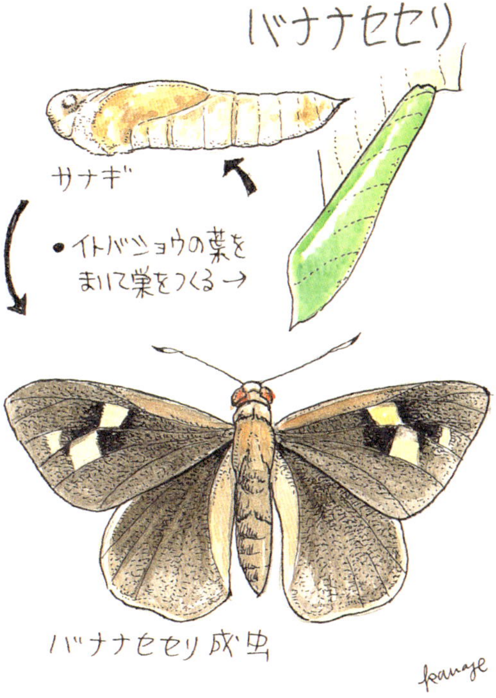

【ちょっと解説】
チョウの仲間にも、アゲハチョウ科、シロチョウ科など、いくつかのグループがあるが、バナナセセリはセセリチョウ科に属する。そしてこのチョウは、日本のセセリチョウ科では最大の種類。

クマバチ

花にやってくるハチに、まっ黒くてズングリしたハチがいます。クマバチです。

本土のクマバチは胸が黄色なのですが、沖縄本島のクマバチは胸もまっ黒。別の種類のオキナワクマバチです。

クマバチのメスはかれた木の枝をかじってトンネルをほり、そこに巣を作ります。このハチは集団を作らず、母親だけで子供のせわをします。そして幼虫のエサは花のみつや花粉です。

この前、クマバチとオキナワクマバチ、二つの標本をじっくり見比べてみました。すると胸の色だけでなく、もう一つちがいがありました。目の大きさです。オキナワクマバチの方がずっと大きな目をしていたのです。

「あれ？　変だな？」

しばらくしてそう思いました。なぜ沖縄のハチは目が大きいのかな、と。そしていろいろ考えてやっとわかりました。この目の大きさのちがいは種類のちがいではなくて、オスとメスのちがいだったのです。

オスのハチはナワバリをもっています。そしてライバルのオスを追いだし、メスと交尾《こうび》します。ライバルやメスを早く見つけるためにオスの目は大きいのです。

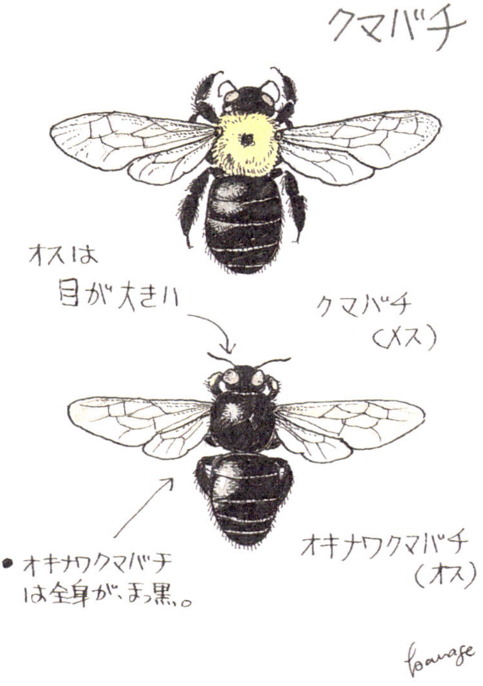

【ちょっと解説】

日本にはクマバチの仲間が4種類いる。本土にクマバチ、奄美地方にアシグロセジロクマバチ、沖縄島周辺にオキナワクマバチ、八重山にアカアシセジロクマバチがすむ。いずれも枯れ木などに穴《あな》を掘《ほ》り、巣を作る。

アリそっくり

西原南小の子どもたちと県民の森に行ったとき、トイレの壁(かべ)で見つけた生き物をみんなにみせてみました。

「アリ？」

ガラスビンの中に入っているのは黒いアリそっくりです。でもこれはアリではなくてクモ、アリグモです。

「本当だ。糸だしてるよ」

アリグモはさっそくガラスビンの中に糸をだし、その糸にぶらさがりました。

「なんでアリに似ているの？ アリの巣に入ってアリを食べるの？」

そんなふうにもきかれました。アリそっくりだと、アリに化けて近づき、アリをおそえるんじゃないかと考えますよね。ところがそうではないのです。アリグモがアリに似ているのは、天敵《てんてき》に食べられないようにする工夫らしいのです。アリは群れをつくってくらしていて、ちょっかいをだすとさしたり、かんだりします。だからアリをきらう生き物も多いのです。

クモだけでなく、ホソヘリカメムシの幼虫もアリに似ています。今度1匹でうろうろしているアリをみたら、よくみてみましょう。本当にアリかな、と。

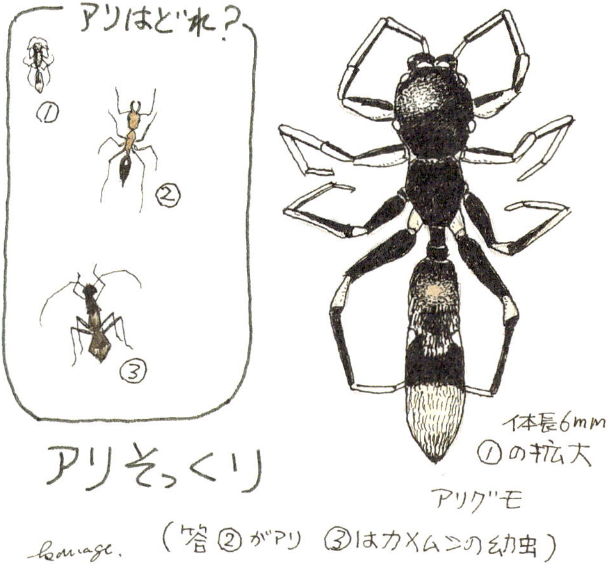

【ちょっと解説】

屋内の壁《かべ》などでも見られる、巣をはらないクモにハエトリグモというクモがいるが、アリグモも、このハエトリグモ科のクモの一員。体が赤茶色をしている種類もある。

イチジクカミキリ

「おっきなカミキリムシをつかまえたよ」

東京に行っていたカコちゃんからそう電話がかかってきました。

「何だろう？」。そう思っていたのですが、しばらくしたらおみやげにこの虫をもらいました。シロスジカミキリです。本土の雑木林ではよく見かける虫。子供のころ、この虫をよくつかまえていたので、とてもなつかしくなってしまいました。シロスジカミキリの幼虫はコナラやクヌギの木を食べます。幼虫が木にあけた穴や、成虫が木をかじった傷からは樹液がでて、そこにカブトムシが集まったっけ。そんな思い出にひたっていたらまた電話です。

「おっきなカミキリムシをつかまえたよ」

今度は宜野湾にすんでいるゲンさんから。

受けとった虫をみるとイチジクカミキリでした。もようの色はちがうけれどシロスジカミキリによく似ています。同じ仲間なのです。ただ、イチジクカミキリの方の幼虫のエサはガジュマルやアコウ。そしてこの虫は沖縄にもともといた虫ではありません。1986年に首里ではじめて見つかったもので、台湾から持ちこまれたもの、と考えられています。身近な虫も本土と沖縄ではやっぱりずいぶんちがいます。

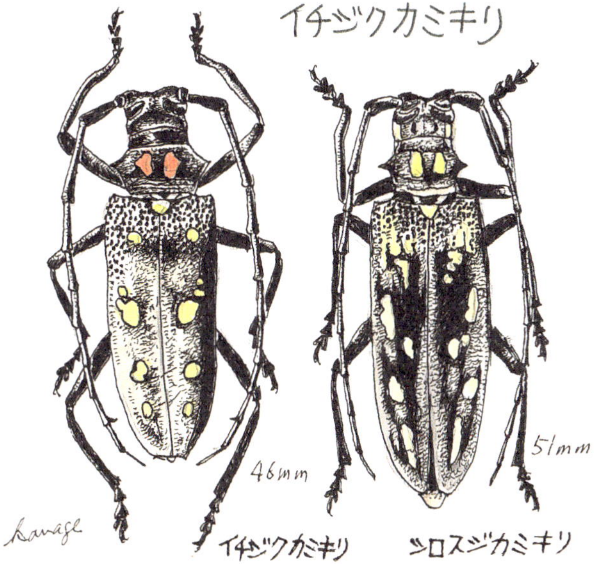

【ちょっと解説】

カミキリムシは、日本から700種以上も見つかっている。幼虫は材を食べるが、種類により食べる材の樹種が決まっている。ガジュマルには、ほかにイツホシシロカミキリなどのカミキリムシがやって来る。

冬虫夏草

9月。八重山の森はイワサキゼミの「ゲーシュル、ゲーシュル」という声につつまれます。

セミの声をききながら、西表島の川ぞいの道を歩いていたときのことです。道ばたの地面の上に、ぽつんと白い小さなものが生えているのに気がつきました。

「これはひょっとすると？」

5ミリぐらいの高さにつきでてる、その小さなものの下をほってみると、やっぱり。地面の下からセミの幼虫がでてきました。セミの幼虫から生えるキノコだったのです。

虫から生える、こうしたキノコを冬虫夏草《とうちゅうかそう》といいます。冬虫夏草は生きた虫にとりつきます。そして虫をころして、その虫の体を栄養にしてキノコをのばすのです。冬虫夏草はイモムシやアリ、ハチ、クモとさまざまな虫の仲間にとりつきます。みんな小さいので目だちませんが、公園の木の下から生えているのを見つけたこともあるんですよ。

西表島や石垣島でぼくが見つけた冬虫夏草は、本土では、ツクツクボウシの幼虫から生えるツクツクボウシタケでした。そしてツクツクボウシタケは、中国では干して薬にします。どんなききめ？ そしてどんな味なのかな？

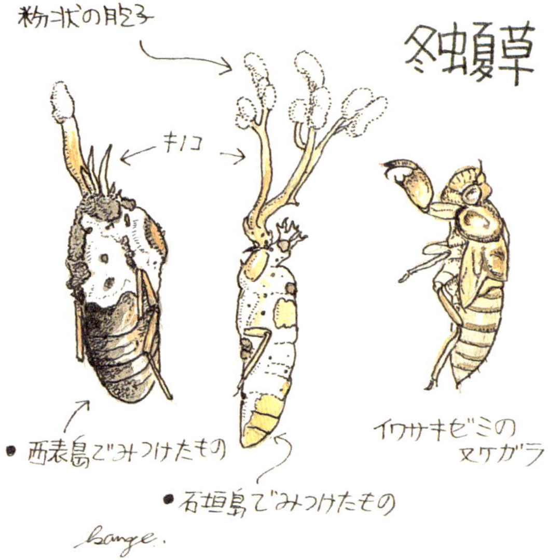

【ちょっと解説】

　セミにとりつく冬虫夏草は種類が多く、その名もセミタケという種類は、ニイニイゼミの幼虫から発生する。また、イリオモテクマゼミタケは、幼虫ではなく、クマゼミの成虫から発生する珍しい種類だ。

アワの正体

「モリグチ君、これは何か？」

石垣島のバンナ公園をあるいていた時のことです。

マサキさんが足もとの土の上にある、アワのカタマリを指してそうききました。まるでだれかがつばをペッとはいたようにも見えます。

「これはアワフキムシの幼虫の巣ですよ」

ぼくはそう答えて、アワの中に指をつっこんでみました。アワをかきわけると、中から小さな虫がでてきます。これがアワフキムシの幼虫です。

アワフキムシはセミに近い仲間の虫です。成虫も幼虫も、植物に口をつきさして、汁《しる》をすいます。幼虫は、そのすった汁のあまりをおしっこにして出すのですが、それを原料にしてアワの巣を作って身をかくすというわけです。地面の上にポツンとアワのカタマリがあるように見えても、よく見るとアワは植物の根っこのところについているのがわかります。

「ここにもありますよ」

今度は草の茎《くき》のうえにアワの巣が見つかりました。中にはこうしたアワのカタマリを「カエルの卵」や「ホタルの巣」と思っている人もいるようです。やがて成虫が羽化すると、アワの巣をはなれ、草や木の上で生活するようになります。

アワの正体

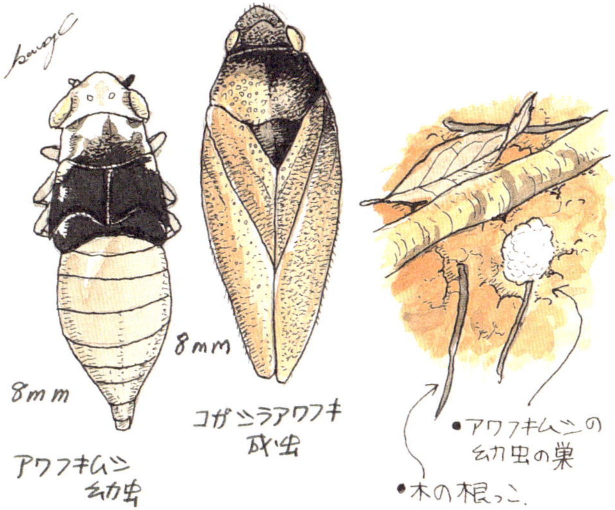

【ちょっと解説】

アワフキムシの幼虫の作る泡は、おしっこの中の水分やアンモニアに、さらに脂肪《しぼう》を混ぜることでできる一種のセッケン水に、空気をまぜたいわばシャボン玉。また、含まれるタンパク質が、泡を安定させている。

ゴミの虫

「ゲッチョ、何これ？」

遠足の途中《とちゅう》、木の葉っぱの上を指してレイがそうききました。見ると5ミリぐらいの小さなかたまりが葉っぱの上をちょろちょろ歩き回っています。

虫？ それにしても変な形をしています。なんだかゴミのカタマリが動いているようです。でもこれはクサカゲロウの幼虫です。この虫は背中にゴミをしょって歩くのです。

「何でそんなことするの？」

「やっぱり敵から身を守るためじゃない？ ゴミだよ、虫じゃないよ……って」

「でもかえって目立ってるんじゃないの？」

レイの言うように、チョコマカ歩きまわっていては、せっかくゴミをしょっていても何だか目立ってしまいそうです。そう言われるとよくわからないですね。

家に帰って幼虫を拡大して見てみました。幼虫によって、背中のゴミはちがっています。近くにある小さなゴミを集めて背おうんです。

アリジゴクはこのクサカゲロウと同じ仲間の虫の幼虫です。クサカゲロウの幼虫も頭には大きなアゴがあります。これで小さな虫をとらえて食べているんですね。

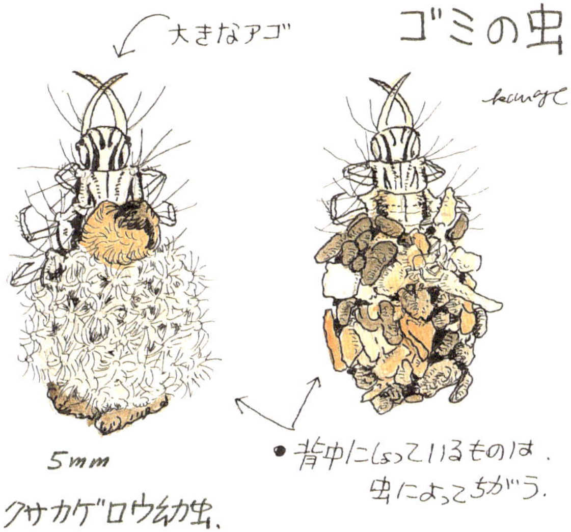

【ちょっと解説】

アリジゴクは、アミメカゲロウ目、ウスバカゲロウ科の昆虫の幼虫。クサカゲロウ科もこのアミメカゲロウ目の一員。このグループには、ほかにもカマキリモドキ科やトビトンボ科など、名前も形も変わった虫たちがいる。

ゴミダマ

「これは何？」

レイが1匹の虫を見てぼくにそうききます。

遠足の日、ぼくは地面にたおれている木を見つけて、そっとその皮をめくってみました。何か虫がいないかなと思ったからです。するといました。ムラサキ色にかがやく、小さな虫がかくれていました。

「これはね、ゴミムシダマシという虫だよ」

「えっ？　ゴミムシダマシ？　変な名前」

レイはそれを聞いて大笑いしています。となりにいたケンタも、「ナントカモドキっていう名前の方がまだいいなぁ」なんて笑っています。でもレイはすっかりこのゴミムシダマシという名前が気にいってしまったみたいです。このあとも虫を見つけるたびに、「これはゴミムシダマシじゃないの？」とぼくにききました。

変な名前の虫ですけれど、この仲間には種類がたくさんいます。このときの虫の名前も本当はムラサキツヤニジゴミムシダマシ。中にはアマミクロホシテントウゴミムシダマシなんていう長い名前の虫もいます。これは沖縄にすむ虫の中で、1番長い名前の虫なんだそうです。「ゴミダマ」。あんまり名前が長いので、ちぢめてそうよんだりすることもありますよ。

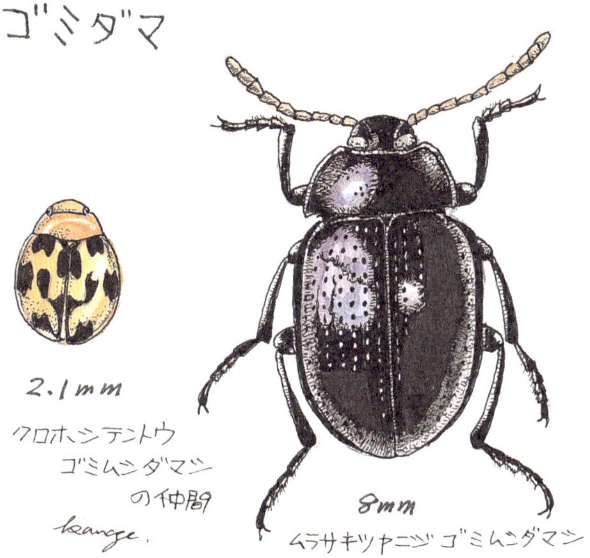

【ちょっと解説】

　ゴミムシダマシ科の甲虫《こうちゅう》は、一般には知名度は低いが、種類は多く、日本から360種以上が見つかっている。ペット店で目にするミールワームも、チャイロコメノゴミムシダマシの幼虫のこと。

ツノゼミ

ヤンバルの喜如嘉《きじょか》に行ったときのことです。

家のわきの生垣《いけがき》をふと見たら、1本の木に小さな虫がたくさんついていました。

「ツノゼミだ」

ぼくはそれを見てうれしくなりました。ツノゼミは小さなときから大好きな虫の一つなのです。

「えっ？ これセミなの？ じゃあミンミンって鳴くの？」

ぼくの学校の生徒たちにツノゼミを見せたら、そんなふうにきかれたことがあります。たしかにこの虫は、セミに近い仲間なのですが、鳴くことはありません。

ぼくがツノゼミが好きなのは、小さなころ、本で見たツノゼミがとっても変な形をしていたからです。アタマの上に、変なツノやふくらみを持った虫の絵がその本にはのっていました。大人になって、ぼくは南米のアマゾン川まで、その本に出ていたツノゼミに会いにも行きました。

そんなツノゼミの仲間が、沖縄にも住んでいます。でも、沖縄にいるマルツノゼミのアタマには、まるっきりツノもコブもありません。これではツノナシツノゼミです。

ツノゼミの奇妙《きみょう》な形のツノは何のため？ そして沖縄のツノゼミはなぜツノがないの？ フシギだらけの虫なのです。

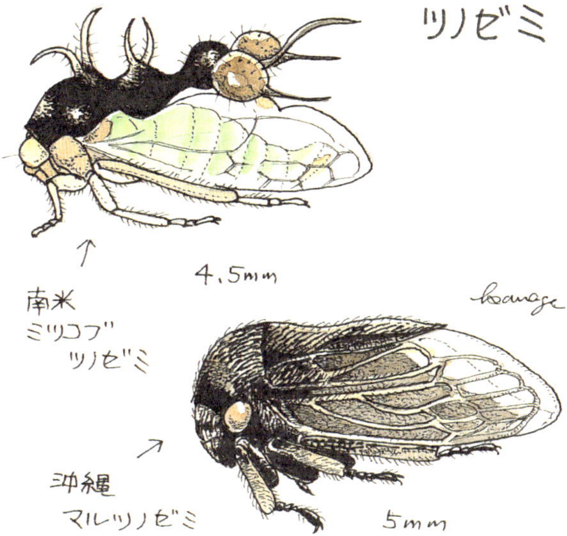

【ちょっと解説】

沖縄から記録されているツノゼミは、マルツノゼミ1種だけだが、日本全体では16種ほどがいる。東南アジアや南米など、熱帯地方へ行くと種類も増え、そのツノの形も千差万別《せんさばんべつ》となる。

光るムカデ

「ゲッチョ、家にへんな虫がでたんだ。ムカデみたいなんだけどもっとそれが細長いんだ。それでふんづけると光るんだよ。そんなのいるか？」

学校でゲンさんが声をかけてきました。

ゲンさんの話をきいてうれしくなります。ずっと見たいと思っていたものだったからです。

「それはね、ジムカデというやつだよ。ジムカデにも種類があるけど、中には光るやつがいるんだ」

「そっか。この前夜中にのどがかわいて水を飲みに台所へ行ったんだ。そしてふっと足元を見たら何か光っててさ、とってもびっくりしたわけよ」

話をきくと、ゲンさんの家には時々この光るジムカデが出るようです。そこで1匹とってきてもらいました。

ムカデといってもジムカデの仲間は人にかみつくことはありません。だから手でさわってもだいじょうぶ。夜になるのを待って、あかりを消してジムカデにさわってみました。

さわってしばらく。くらやみの中に、ホタルの光と同じ色の光が見えてきます。ジムカデはさわられると、体から光る液を出すのです。どうやら敵に対するおどかしの光のよう。たしかにいきなり見たら、ビックリしますね。

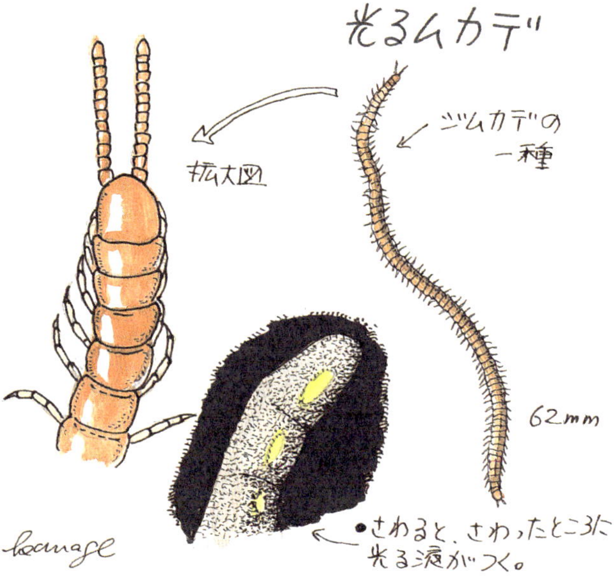

【ちょっと解説】

発光生物といえばホタルがとりわけ有名ではあるが、ほかにはここで紹介したジムカデや、ミミズ、カタツムリの仲間にも発光する種類がいる。

夏（5月～10月）

トビナナフシ

西原東小学校のみんなと、恩納村の県民の森へ行きました。

「ナナフシって何を食べるの？」

虫が大好きだというカズキ君がぼくにそうたずねます。

ナナフシというのは枝そっくりの細長い虫。沖縄には、何種類かナナフシがいます。そしてその種類によって、好きな植物がちがっています。

ちょうど県民の森ではニホントビナナフシを見つけました。

このナナフシはシイの葉が好きです。

「トビナナフシって飛ぶの？」

そうも聞かれました。トビナナフシにはハネがあります。でもメスはハネのわりに体が太っちょ。飛ぶことはできず、パラシュートがわりにハネを使います。やせたオスの方は、羽ばたいて飛ぶことができるようです。

ぼくがうれしかったのは、この日見つけたトビナナフシがオスだったこと。ぼくが前に住んでいた埼玉にも、この虫が住んでいますが、そこではメスしか見たことがなかったからです。というのも沖縄ではトビナナフシはオスもメスもいるのですが、本州ではほとんどメスしかいないというのです。そして本州ではメスだけでちゃんと卵をうみます。ナナフシって変な虫ですね。

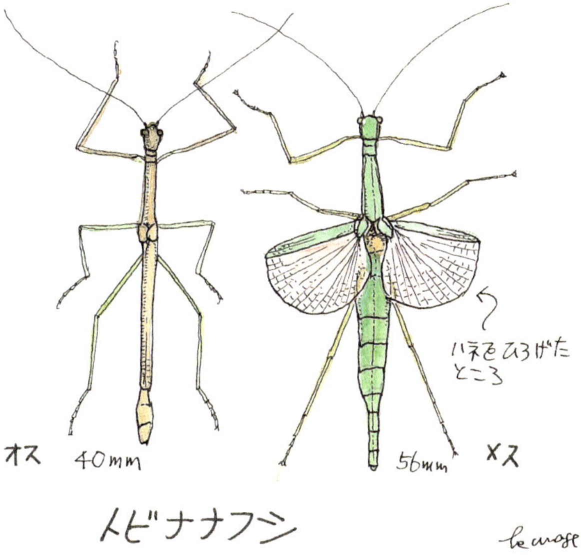

【ちょっと解説】

ナナフシの仲間には、翅がある種類と、翅のない種類がある。沖縄島で最も普通に目にするのは、翅のないアマミナナフシという種類だ。翅のあるナナフシでは、ほかに、タイワントビナナフシがいる。

青いゴキブリ

「キライな虫は何？」

「ゴキブリ」

まっ先にそんな名前があがります。

知念小学校の3年生に昆虫の授業をしました。

「ゴキブリは昆虫じゃなくて、害虫」

そんなことを言ってくれた男の子もいて、ナルホドと思いました。

ぼくも家の中に出てくる大きなワモンゴキブリは好きじゃありません。でも、ゴキブリもりっぱな昆虫。そしてゴキブリにも種類がいっぱいあって、家の中に入って悪さをするゴキブリは、その中のほんの一部です。

ゴキブリの中にはとてもめずらしい種類もいます。この前、石垣島の山で、長い間、見てみたいとあこがれていたゴキブリにはじめて会えました。その名もヤエヤマルリゴキブリ。青く光るきれいなゴキブリです。

ルリゴキブリは、くさった木の中にいました。こうした木を食べて、おとなしくくらしているんですね。

こんな青いゴキブリなら好きになれませんか？

「でも、家の中に出てきたらやっぱりイヤ」

うーん。そうかもしれません。

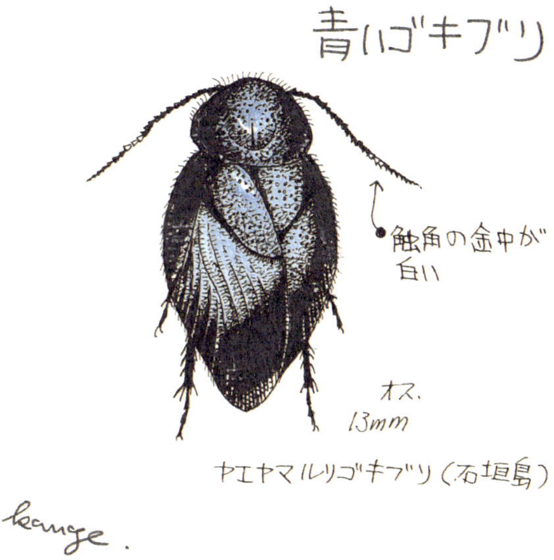

【ちょっと解説】

ルリゴキブリは、石垣、西表島固有の屋外性ゴキブリ。やや乾燥した、海岸近くの林を好むという。現在、日本からは52種のゴキブリが記録されているが、その中で最も美しいゴキブリ。

カブトムシ

「お父さんが、糸満で大きなカブトムシ拾ったよ」

ユキコがそう言います。

「大きなカブトムシ？」

南部にはもともとカブトムシはいないので、ぼくはちょっと首をかしげました。ひょっとしてだれかが飼っていたカブトムシがにげたものかしら。

ユキコのもってきたカブトムシを見てビックリ。それは東南アジア産のアトラスオオカブトムシだったのです。やっぱりにげだしたカブトムシでした。

タイワンカブトムシも、ヤシの木といっしょに持ちこまれたカブトムシで、今はあちこちで見ることができます。一方、もとから沖縄にいるカブトムシは、ヤンバルや久米島など、限られた場所にしかすんでいません。ヤンバルのオキナワカブトムシは、本土のカブトムシに比べて、ツノがずっと小さなもの。それでも沖縄ならではの貴重なカブトムシです。

夏休み、お店でカブトムシを買って飼ったことのある人も多いでしょう。そこでお願い。お店で買ったカブトムシを、外ににがさないでくださいね。沖縄には、沖縄ならではの虫たちがすんでいます。外から持ってきた虫たちがにげてふえると、沖縄の虫たちが困ってしまうんです。

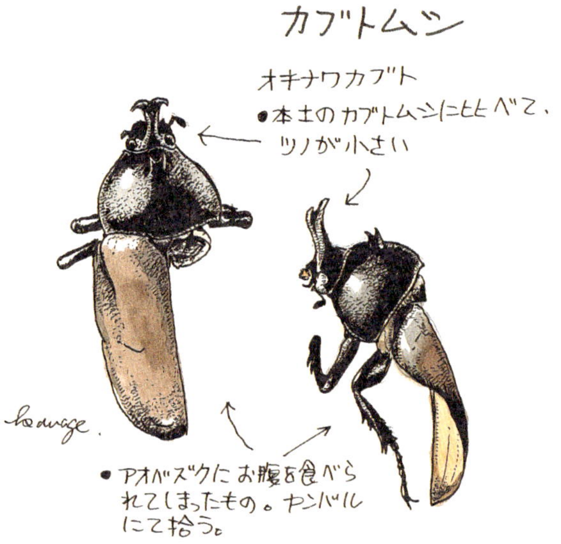
カブトムシ
オキナワカブト
●本土のカブトムシにくらべて、
ツノが小さい
●アオバズクにお腹を食べられてしまったもの。ヤンバルにて拾う。

【ちょっと解説】

本州～屋久島にかけて分布しているカブトムシの亜種が、ヤンバルと久米島にそれぞれ飛び離れて分布している。本土のものと交配可能なため、本土産の飼育品を屋外へ放すと、交雑《こうざつ》してしまう可能性がある。

これも力？

「これも力なの？」

石垣島の山の中で、カコちゃんがぼくにそう聞きました。

カコちゃんの指さす方を見ると、葉っぱの上に大きな力のような虫がとまっています。「オオカだ！」

ぼくはそれを見て大喜び。さっそくそっと近づいて、オオカをつかまえました。

オオカは名前の通り、頭からおしりまでが1センチ近くもある大きな力です。長い足をのばすと、力の仲間と思えないほど大きく見えます。こんな力に刺されたら大変？ いえいえ、オオカは人を刺さない力なのです。

オオカは人の血ではなくて、花のみつをすいます。それにオオカの幼虫は、ほかの力の幼虫を食べてくらします。力というと、とってもイヤな虫の代表ですけれど、このオオカはほかの力を退治してくれもするのです。そのためハワイでは、わざわざオオカをとりよせて、力を退治するのに利用したほどです。

オオカをよく見ると、青や緑にかがやくところもあって、とてもキレイ。残念ながら、オオカはそうめったに見れませんが、こんな力ならみんなも「いいな」と思いませんか？

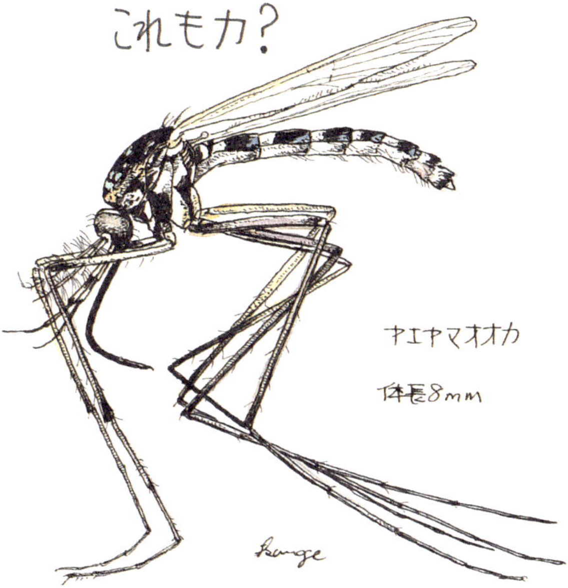

【ちょっと解説】

一口にカと言っても、日本だけでも100種以上のカが知られている。そして南に行くほど種類は多くなる。熱帯地方で人々を苦しめているマラリアを媒介《ばいかい》するのは、ハマダラカの仲間。

ヤンバル虫

「うわーっ。あたしアシが多いの苦手」

ツワが一目見てそう言いました。ほかのみんなもキャーキャー言っています。

学校に、ぼくの家で飼っているヤスデを持っていったときのことです。ヤスデは細長くてアシが多いところはムカデに似ていますが、ムカデのように人をかむことはありません。沖縄ではヤスデのことをいっぱんに、「ヤンバル虫」とよんでいますね。

ぼくが学校に持っていったのは、石垣島でつかまえたヤエヤママルヤスデ。体長が8センチもある日本一大きなヤスデです。ぼくはこのヤスデ、おとなしいし、かわいいと思うのですが、生徒たちは「イヤだ」と言います。

「ダンゴムシはかわいいよ」

ヤスデが苦手のツワも、ダンゴムシならさわれます。でもヤスデもいろいろ。ヤスデの中には、タマヤスデという、おどろくと体を丸めるダンゴムシそっくりなものもいるのです。ですから、ダンゴムシはよくてヤスデはだめというのは、えこひいきだなぁなんて思ってしまいます。ただ、ヤスデはときに大発生し、そこらじゅうヤスデだらけになることも。こうなると、きらわれてもしかたないかもしれませんが……。

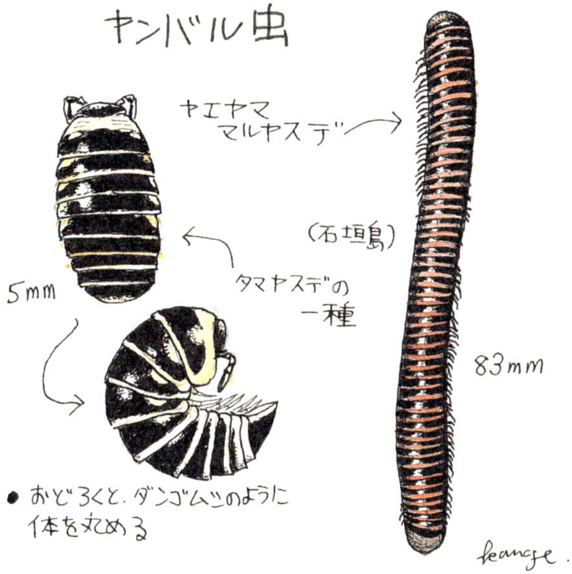

【ちょっと解説】

最も人目にふれる機会の多いのが、道端《みちばた》で大量に死んでいる姿を見たりする、ヤンバルトサカヤスデ。ヤンバルという名はついているものの、台湾原産の移入生物である。

ピンク虫

マンションの庭に生えているイヌビワの木を見て、「アレ？」と思いました。イヌビワの木の幹に、何かピンク色のかたまりがついていたからです。

「何だろう？」

近づいてみてビックリ。ピンク色のかたまりは、虫だったのです。手でさわってみてまたビックリ。指にピンク色の粉がつきました。そしてさわられた虫の方は、さわったところのピンク色がはげてしまっています。全身に、ピンク色の粉をつけている虫だったんですね。ぼくは粉が取れないようにそっとつかまえ、ビニール袋の中に入れて持ち帰りました。

この虫は、イヌビワやガジュマルなど、イチジクの仲間の木に来るヒラヤマメナガゾウムシでした。それにしても、なぜこの虫は、こんなピンク色の粉を全身につけているんでしょう？

いろいろ考えてみましたが、よくわかりません。それに、せっかく粉をつけているのに、指で軽くふれただけで、すぐに粉はとれてしまうのです。ますますよくわからなくなりました。そして、あれこれいじっているうちに、ピンク色の虫は、すっかり粉がとれて茶色の虫に。ピンク色のまま、標本にするのもムズカシイ虫でした。

ピンク虫

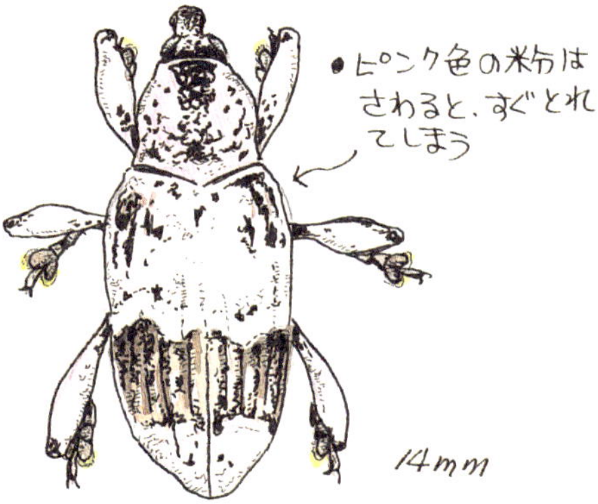

・ピンク色の粉は
さわると、すぐとれ
てしまう
14mm

ヒラヤマメナガゾウムシ

【ちょっと解説】

ヒラヤマメナガゾウムシは、沖縄のほか、中国、台湾に分布している。ゾウムシは、コクゾウムシなどを除き、普段あまり気にすることのない虫だが、種類は多く、日本から700種以上も記録されている。

やちむんの虫

東京から来たお客さんを案内してヤンバルへ。その帰り、「焼き物が好き」というので、読谷《よみたん》の「やちむんの里」へ行きました。みんなが焼き物を見ているあいだ、ぼくは一人で外をぶらぶらしていました。「何か虫でもいないかな？」と思ったのです。すると1匹の虫が目にとまりました。緑色に光るキレイな虫。ウバタマムシです。うれしくなってさがしてみたら、このウバタマムシが次々に見つかります。それも焼き物を焼くためにつみ上げられていたマキの上に多くとまっていました。

よく見ると、マキはみんなマツの木です。ウバタマムシの幼虫は、マツの木を食べてくらします。だから、こんなにウバタマムシがやってきていたんですね。タマムシは種類によって集まる木がちがっています。たとえばアオムネスジタマムシなら、モモタマナの木に集まります。

「焼き物を焼くには、マツが一番いいんですよ」

お店の人がそう教えてくれました。マツは油をたくさんふくんでいるので、火力が強いのだそうです。

「やちむんの里」に、ウバタマムシが多かったのには理由があったのです。「焼き物を見に行くのも悪くないなぁ」そう思いました。

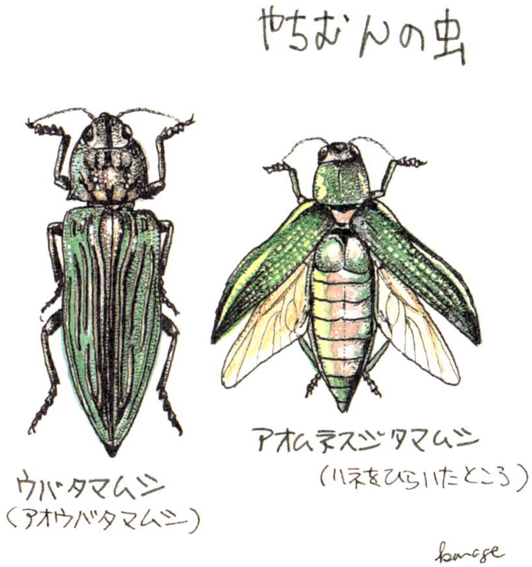

【ちょっと解説】

本土産のウバタマムシは地味な色合いをしているが、奄美、沖縄島周辺のものは緑がかっているため、亜種、アオウバタマムシと呼ばれている。

マメの虫

「あれ、おかしいな」

なんだか家の中をちょこちょこと小さな虫が歩きまわっています。1匹、2匹なら外からまぎれこんだのかな？と思うところですが、毎日のように何匹も見かけます。

「これは家の中で虫がわいてるぞ」

そう思って、虫をつかまえてみました。

小さな虫ですが形に特徴があります。こんな形の虫はマメゾウムシという虫の仲間に違いありません。マメゾウムシはその名のとおり、かたいマメのタネを幼虫が食べあらします。

「でもマメなんかあったっけ？」

また首をかしげてしまいました。きっと外から拾ってきたマメをどっかに放りだしていて、そこでマメゾウムシがわいているんだな。しばらくしたらいなくなるだろう……。

ところが、全然数がへりません。ようやく本格的に家の中をそうじしてみました。すると、台所のタナの奥の方からフクロが出てきました。そういえば、前に「マメご飯でも作りなさい」とリョクトウをもらったっけ……。そのフクロの中にウジャウジャとマメゾウムシがいたのです。

さすがのぼくも、フクロごとマメをごみ箱に捨てました。何でも放りっぱなしはよくないですね。

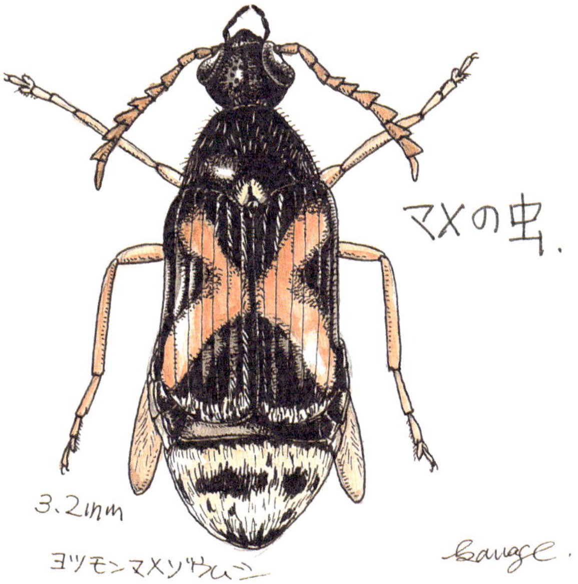

【ちょっと解説】

　ゾウムシ科に近縁の、マメゾウムシ科の昆虫の一つ。マメゾウムシ科には、ほかにもソラマメゾウムシやアズキマメゾウムシなど、食害するマメにちなんだ名を持つ虫たちがいる。

家の中のハチ

学校の事務室で、ふと窓に目をむけたら、1匹のハチが窓ガラスに止まっているのが見えました。さっそくそのハチをつかまえていたら、「何をしてるの？」と事務長のエントモさんに聞かれました。

「このハチはおもしろいハチなんですよ」

「ハチ？ ずいぶん後ろアシの長いハチね」

「形もおもしろいけど、このハチはゴキブリの卵に寄生するハチなんですよ」

「えっ？ ゴキブリの卵にしかつかないの？」

そうです。このゴキブリヤセバチはゴキブリの天敵なのです。ゴキブリは、卵をいくつかまとめて、じょうぶなフクロにつつんで産みつけます。このハチはこの卵のフクロの中に自分の卵を産みつけるのです。ハチの幼虫は、ゴキブリの卵を食べて育つんですね。ゴキブリは家の中に多いから、ゴキブリヤセバチもこんなふうに家の中でよく見かけるんです。

しかし、ぼくもまだ自分の目でハチがゴキブリの卵のフクロに産卵するのを見たことがありません。学校の流しの下をゴソゴソやって、ゴキブリをさがします。

「何やってるのゲッチョ？」。生徒たちはみんなアキレ顔。でもこんなときにかぎって、何も見つからないんですよね。

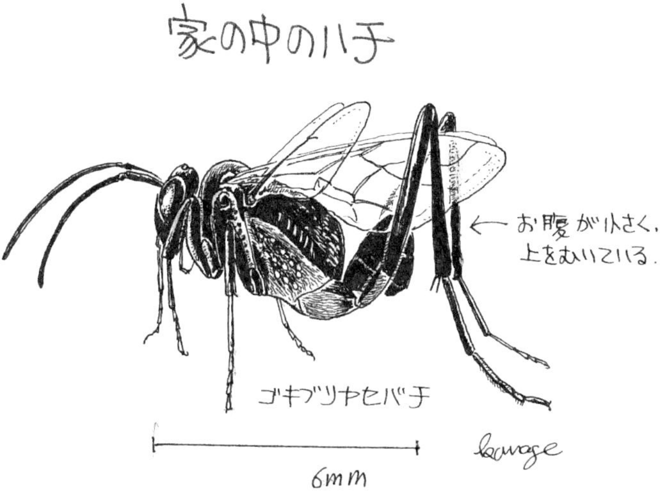

【ちょっと解説】

ゴキブリは卵鞘《らんしょう》と呼ばれるフクロに、卵を包み込んで産卵する。ゴキブリヤセバチは、ゴキブリのメスが腹端につけたままの、まだ柔《やわ》らかいうちの卵鞘に卵を産みつける。

チョウそれともガ？

「これはどっちかな？」

そんな声があがります。

知念小学校の3年生で、虫の授業をしました。最初に聞いたのが「好きな虫とキライな虫」。カブトムシやカマキリは好きだけど、ガやゴキブリはキライ。そんな答えが返ってきます。

「それじゃあ、チョウとガってみんな見分けられるかな？」

ぼくはそう言って、虫の標本を見せてクイズをしました。ぼくの見せた虫がチョウなのか、ガなのか見分けてくださいというクイズです。

じつはチョウの中にも、ハネの色がキレイじゃなくて、まるでガのように見えるものがいます。反対にガの中にも、とってもキレイなものがいるんです。たとえばクロツバメ。知念小のみんなに聞いたら、チョウだと思う人が10人。ガだと思う人が15人と意見が分かれました。そしてこのクロツバメはガの仲間なのです。ハネがキレイかどうかでは、ガとチョウはなかなか見分けられないものなのです。

さて、クイズは全部で5問。そしてクラスの中で、全部まちがえた子がいました。これはひょっとすると全部正解するより、ムズカシイかも……ぼくはすっかり感心（？）してしまいました。

【ちょっと解説】
クロツバメは、沖縄から台湾、東南アジアにかけて分布。幼虫はアカギの葉を食べる。ガの仲間ではあるが、姿、形がチョウに似ているうえ、日中に活動する習性を持ち、チョウとまちがえやすい。

アシナガバチの巣

「これ何の巣？」

ぼくの学校の校長をしているホシノさんが、そう言ってアシナガバチの巣を持ってきました。うれしかったのが、ぼくがはじめてみるヤマトアシナガバチの巣だったことです。アシナガバチにも種類があります。そして種類によって、その巣の形も違うのです。

ヤマトアシナガバチの巣の特徴は、サナギになるときにつくられる部屋のおおいが、うすい黄緑色をしていることです。だから、ハチの巣にしてはちょっとおしゃれに見えます。

「この巣はどうしたの？」

今度はぼくがホシノさんに聞きました。その答えは、夜間中学に通ってきているタカコさんが持ってきたんだよ、という話でした。

ぼくの学校には夜間中学があります。子どものときに、いろんな事情で学校へ行けなかった人が、大人になってから勉強をしに通ってきている学校です。ぼくよりずっと年上の人も多いです。でもみんなとっても勉強熱心なのでビックリ。

ぼくはまだタカコさんと話をしたことがありません。そのうち仲良くなれたら、直接どんなところにハチが巣をかけていたのか聞いてみたいなぁと思っています。

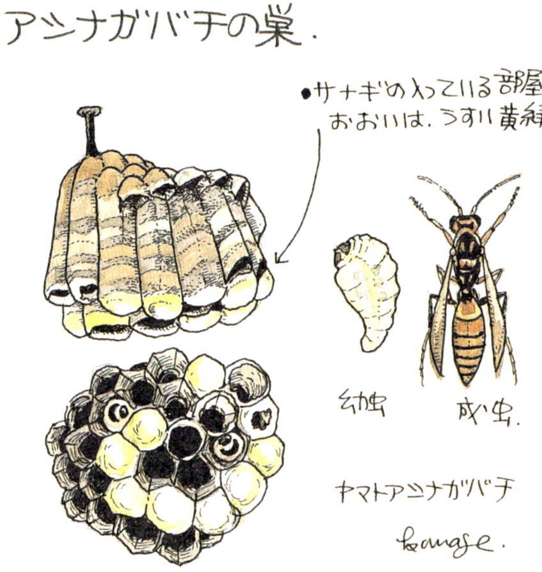

【ちょっと解説】

沖縄のアシナガバチには、ヤマトアシナガ、キアシナガ、セグロアシナガ、フタモンアシナガの各種がいる。また、それよりずっと小ぶりなものに、沖縄ではカヤバチなどとも呼ばれる、チビアシナガバチがいる。

ショウユバッタ

「これショウユバッタ」

学校の畑で草むしりをしていたら、レイがそう言って1匹のバッタをぼくにくれました。

「ショウユバッタ？」

「うん。ショウユみたいなのを口から出すからそう言うよ。なめてみたことあるけど、本当、ショウユの味がしたよ」

レイはそう教えてくれます。

5年前、沖縄にひっこしてきてから、ぼくはこのショウユバッタという名前を知りました。このバッタの名前は、本当はショウリョウバッタといいます。だから、はじめてショウユバッタという名前を聞いた時は、てっきりぼくの聞きちがえかな？と思いました。ショウリョウバッタは、本土では夏ごろから成虫が姿をあらわします。それがちょうどお盆のころなので、「精霊《しょうりょう》」という名前がついたそうです。でも沖縄ではショウリョウバッタの姿を見るのは、夏には限りません。そうすると、ショウリョウという名前より、ショウユの方があってるかもしれませんね。

では口から出す、茶色のしるは何でしょう。敵につかまったときのイヤがらせでしょうか。レイにならってなめてみることにしました。ちょっと苦くてあんまりおいしくありませんでした。

ショウユバッタ

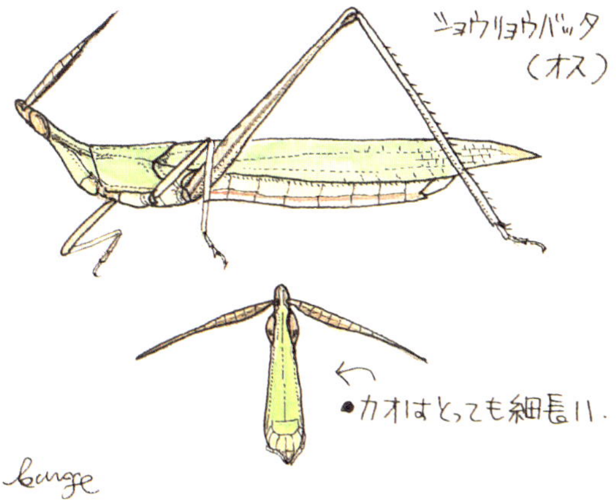

【ちょっと解説】

ショウリョウバッタは、本土～沖縄、中国大陸などに分布。オスは飛ぶときにキチキチと音をたてる。メスはオスに比べてずっと大型で、体長8センチほどにもなる。

セミの卵

「セミって卵を産むの？」
キカがこんなことを聞いてきました。
「セミは卵を土の中に産むんでしょ」
そばにいたキッキはこう言います。
「違うよ。セミは枯れた木の枝や、草の茎に卵を産むんだよ。そこからフ化した幼虫がえっちらおっちら歩いておりていって、土の中にもぐるんだよ」
ぼくがそう言うと、みんな「エーッ」と言いました。
「カルチャーショック。ウソー。セミの卵って見たことないよ」
クミはそんなふうに言うぐらいです。
そう言われてみれば、普通はセミの卵を見るチャンスなんてそうそうないかもしれませんね。小さいころから虫が大好きだったぼくだって、セミの卵をはじめて見たのは大人になってからのことでした。ぐうぜん低い木の枝に産卵管《さんらんかん》をつきさしているセミのメスを見つけたのです。卵は枝の中に産み込まれているので、枝をカッターでけずって中にある卵を見てみました。
ただ、この卵から幼虫がフ化するところはまだ見たことがありません。そのうち見てみたいなあと思っているものの一つです。

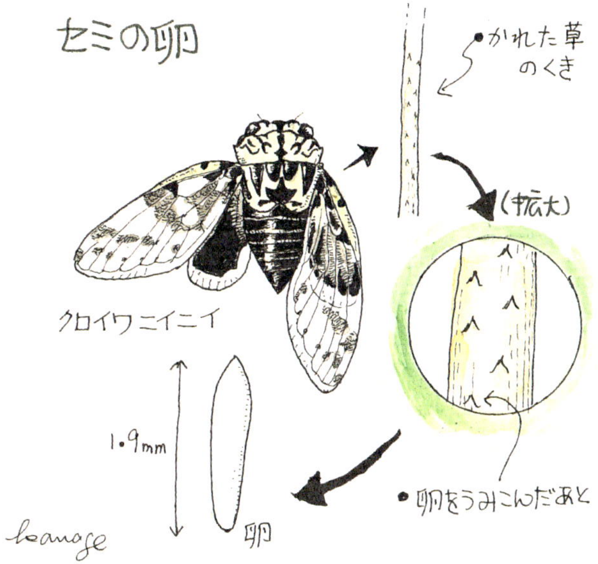

【ちょっと解説】

沖縄島にはニイニイゼミとクロイワニイニイ。宮古諸島にはミヤコニイニイ。八重山にはヤエヤマニイニイ（石垣島の一部にはほかに、イシガキニイニイ）と、ニイニイゼミは地域ごとに異なった種が分布している。

ゆいレールの虫

夏休み、虫をとりにどこかへ行きましたか？

ぼくはちょっと変わった虫とりをしてみることにしました。開業してちょうど1年になる、ゆいレールに乗って虫とりをしたのです。

夜、暗くなってから出発です。駅のあかりにどんな虫が集まってくるかが見てみたかったからです。ホームのあかりのほかに、キップ売り場のあかりにも虫が来ていました。駅に上がる階段のところのあかりにも要注意。

赤嶺、安里《あさと》、おもろまち、市立病院前。

虫をさがしてみたのはこの4つの駅です。この4つの駅のうち、どの駅のあかりに1番虫が来ていたと思いますか？ ぼくは末吉公園に近い市立病院前に1番虫が来るんじゃないかと思っていました。ところが1番虫が多かったのはおもろまちだったのです。

いそがしいこともあって、3回しか虫とりに行けませんでしたが、あわせて24種もの虫を見つけることができました。ガの仲間のほかにも、カメムシやカミキリムシもいました。

「街の中にもこんなに虫がいるんだなぁ」

カブトムシやクワガタムシはとれなくても、こんな発見のある虫とりでしたよ。

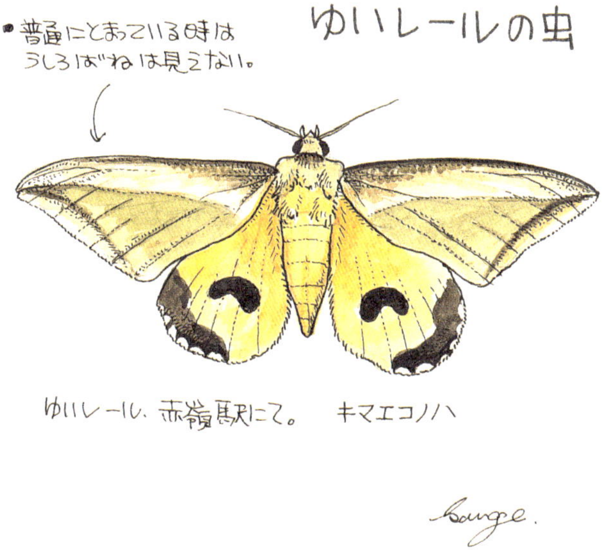
ゆいレールの虫
・普通にとまっている時は
うしろばねは見えない。
ゆいレール、赤嶺駅にて。
キマエコノハ

【ちょっと解説】

ガの仲間が止まる時は、一般に後翅《こうし》は前翅《ぜんし》に隠れて見えない。キマエコノハやヒメアケビコノハの前翅は地味だが、後翅は鮮やかな黄色をしている。これは敵に襲《おそ》われたとき、パッと後翅を広げ、驚かせる意味があるようだ。

カナブン

「カナブン来たよ」

学校のベランダでレイがそう言います。

緑色のハネをかがやかせて、ブンブンと1匹の虫が飛びまわっています。この虫、那覇の街中でもよく見かける虫です。そして沖縄の子どもたちは、この虫のことをカナブンと呼んでいます。ところがこれは本土にいるカナブンとは別の種類の、リュウキュウツヤハナムグリという虫です。

「カナブンとクサブンはちがうの？」

レイはこんなこともきいてきました。

「クサブンは茶色っぽくて、白い点々をつけたやつだよ」

その説明をきいて、クサブンの正体がわかります。こちらはシロテンハナムグリのこと。この虫も街中で見ることのできる虫です。ハナムグリの幼虫は、落ち葉やくさった木を食べて育ちます。街中でも街路樹の下や、公園の植木の下などで育つことができるんですね。学校のベランダの植木ばちの中でハナムグリの幼虫を見つけたことがあるぐらいです。

「昔にくらべたら、カナブン少なくなったような気がするよ。今の子どもたちはカナブン知ってるのかなぁ」

まだ若い、高校生のレイがこんなことを言うので笑ってしまいました。でもいつまでも身近に虫はいてほしいですね。

カナブン

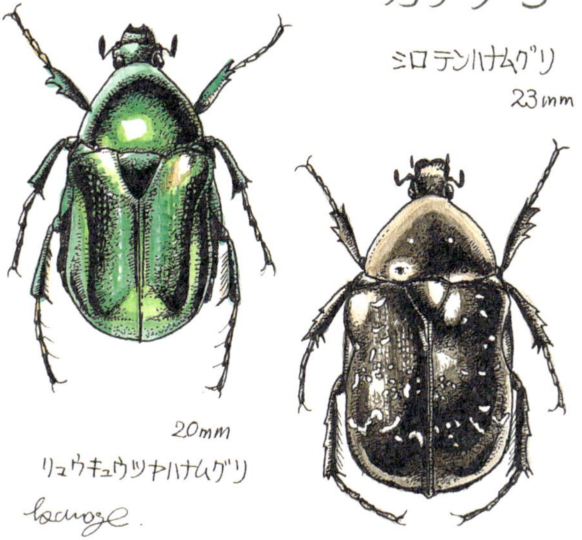

【ちょっと解説】

本当のカナブンは本州～屋久島に分布している。一方、リュウキュウツヤハナムグリは九州南端から、宮古島にかけて分布。また沖縄島で見られるシロテンハナムグリは、台湾から移入されたものと言われている。

夏（5月〜10月）

チャバネ？

「これチャバネ？」

ハルカがそう言って、1匹の虫を学校に持ってきました。

ゴキブリの中でも、特にチャバネゴキブリは有名です。ところがおもしろいことに、沖縄ではチャバネゴキブリを見ることはめったにありません。ぼくはチャバネゴキブリをバスの中と空港のトイレの2回だけしか見たことがありません。沖縄で家の中に出てくるゴキブリと言えば、体長4センチぐらいにもなるワモンゴキブリと、それをひとまわり小さくしたコワモンゴキブリが代表です。それに対してチャバネゴキブリは成虫でも体長1センチちょっとしかありません。

「どれどれ」

ハルカの持ってきてくれたゴキブリは、たしかにチャバネゴキブリに大きさや色あいはよくにています。ただ、よく見ると胸のところに黒いすじが入っていません。ふだんは野外でくらしている、ミナミヒラタゴキブリという種類でした。

このやりとりからしばらくして。今度は恩納村にすむミユキからもゴキブリがとどきました。それが本当のチャバネゴキブリ。沖縄でもチャバネが出る家もあるようです。みんなの家にはどんなゴキブリがすんでいますか？

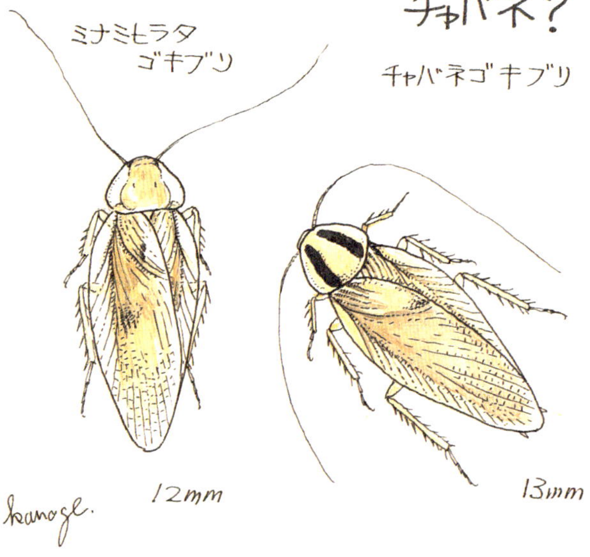

【ちょっと解説】

　チャバネゴキブリは、世界各地に広がっていて、もともとどこが原産地であるかは、わかっていない。北海道でも暖房《だんぼう》の入っているビルではこのゴキブリばかりが多いのに、なぜか暖地の沖縄では、その姿をあまり見ない。

骨とり虫

「カツオブシムシってどこで手に入りますか？」

シマさんがそんなことを言うので、ちょっとびっくり。

ぼくの家に、テレビ局の人が取材にやってきました。ぼくの家は骨だらけ。それを見たテレビ局のスタッフの1人、シマさんがおもしろがって質問してきたのでした。

「シマさん、よくそんなこと知っていますね」

そう言います。シマさんが言うように、動物の骨格標本《こっかくひょうほん》を作る方法の1つに、肉を虫に食べさせる方法があるのです。

この骨格標本作りのお手伝いをしてくれる虫がカツオブシムシ。ただし、生肉ではなくてミイラ状になった肉を食べてもらいます。

カツオブシムシの中でも、骨格標本作りにあっているのがハラジロカツオブシムシという種類です。この虫は小さな骨までキレイに食べ残してくれます。そして、ぼくの家のベランダには、いつのまにかこのハラジロカツオブシムシがいっぱいすみついてしまいました。どうやら海岸で拾ってきた、鳥か魚のミイラにくっついてきたようです。

ためしにこの虫と、カエルのミイラをタッパーにとじこめておいたことがあります。しばらくしたら、実にキレイな骨のできあがり。ぼくの家にひそかなお手伝いさん登場です。

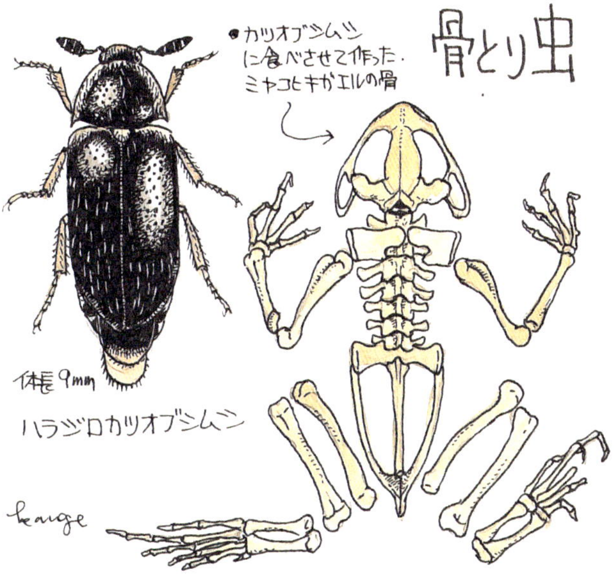

【ちょっと解説】

ハラジロカツオブシムシは世界各地に分布。幼虫は動物質の乾物《かんぶつ》を食べる。同じカツオブシムシ科の虫でも、ヒメマルカツオブシムシなどでは小骨まで食べてしまうため、骨格標本作りには向いていない。

これってテントウムシ？

「これって、テントウムシ？」

学校の畑で、みんなで草むしりをしている時、ソナがそう言って、うでに1匹の虫をはわせたまま近寄って来ました。

「それはテントウムシじゃなくて、カメムシだよ」

ぼくがそう言うと、ソナは「えっ？」と言って、いそいでうでの虫をふりはらいました。くさいニオイを出すカメムシは、きらわれ者なんですね。ソナのあわてぶりに、ちょっとわらってしまいました。

ソナが見つけたのは、アカホシカメムシの幼虫でした。幼虫はハネがのびていないので、むきだしのおなかが丸見えです。そして赤い体に白い点のついたその姿は、言われてみるとテントウムシとにているところがあります。

実は、テントウムシも、手でつかまえると、イヤなニオイのする汁を体から出します。テントウムシが赤に点々のある目立つ色をしているのは、「食べてもおいしくないよ」と天敵に知らせるためなのです。そう考えると、アカホシカメムシの幼虫も、テントウムシと同じせん伝をしていそう。かわいらしいテントウムシも、きらわれ者のカメムシも、虫を食べる鳥たちから見たら、まさに同じように見えるでしょう。ソナが見まちがえたのも、もっともなことだったのですね。

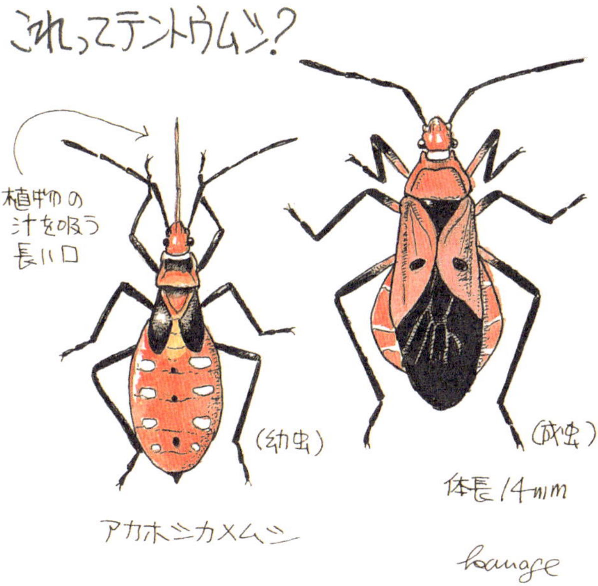

【ちょっと解説】

アカホシカメムシは、沖縄〜台湾、中国南部、フィリピン、インドなどに分布。ハイビスカスやオオハマボウ（ユウナ）など、アオイ科の植物に集まり、汁を吸う。畑では同じアオイ科のオクラに来る。

ハチそっくり

「これ何？ ハチみたいにも見えるよ」

アツシがそう言って1匹の虫をぼくのところへ持ってきました。黒くて体の細長い虫は、たしかにアツシの言うようにハチに似ています。

「毎日家で見るよ。巣はどんなかんじ？」

アツシはそうも言うのですが、この虫はハチのように巣は作りません。アメリカミズアブというこの虫はハチではなくてハエの仲間なのです。幼虫は生ごみなどを食べてくらします。アツシにそう言うと、「家には生ごみ置き場あるから」となっとくしていました。そしてしばらくして、その生ごみ置き場近くから、この虫のサナギを持ってきました。

アメリカミズアブはアメリカという名前のとおり、アメリカから40年ほど前に沖縄にやってきた虫です。そして人の家近くでよく見られる虫になっています。

アメリカミズアブのように一目見るとハチに似た姿をしているものが、ハエの仲間にはよくいます。特にナガハナアブなどでは、黄と黒のシマシマ模様といい、本当にハチそっくりです。ハエには毒針はありません。でもこうしてハチに姿を似せることで敵の目をごまかしているのです。今度ハチらしき虫を見つけたら、本当のハチかどうか見てみてください。

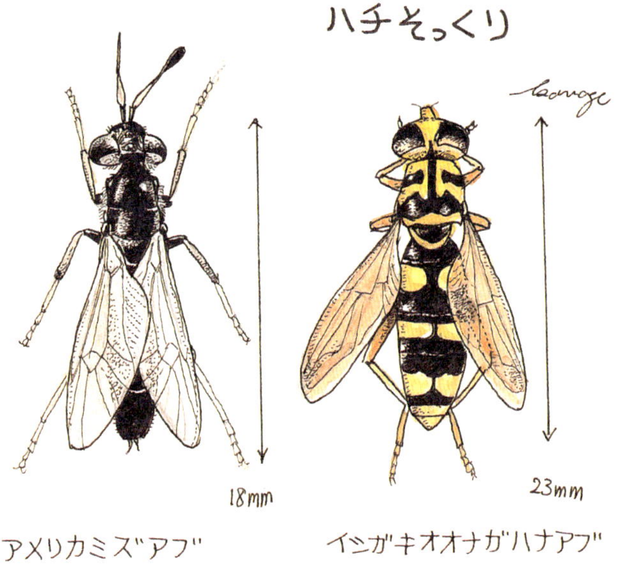

【ちょっと解説】
　黄と黒のシマ模様は、自分が毒を持っていることを知らせる、警戒《けいかい》色《しょく》と呼ばれるもの。しかし、実際には毒のない、ハエやカミキリムシ、ガといった昆虫に、このシマ模様を持つものがいる。

オンブするバッタ

「オンブバッタって上に乗っかっているのは子供なの？」

カコちゃんと話をしていたら、そう聞かれました。

「えっ？ あれは子供じゃなくてオスだよ」。ぼくがそう答えると「そうなの？ 何だかショック」なんて言います。背中に小さなバッタをしょっているオンブバッタは、下の大きい方がメス。そして上の小さい方がオスです。オンブバッタの子供はハネがまだのびていないので一目でそれ、とわかるのです。

でも、カコちゃんのこのカンちがいをキッカケにして、ぼくはオンブバッタを見てみたくなりました。沖縄にはオンブバッタと、それによく似たアカハネオンブバッタがいます。近くの公園の草むらでバッタさがしをしたら、ぼくがみつけたのは全部アカハネオンブバッタでした。

このバッタをしばらく家で飼ってみます。ところが一度メスの上にオスが乗っかって、交尾《こうび》をしたものの、すぐ背中からおりてしまいました。外で見てもアカハネオンブバッタがオンブしている姿は一度も見れませんでした。このバッタは名前だけで本当はオンブしないバッタなのでしょうか。気になることがまた一つ増えてしまいました。

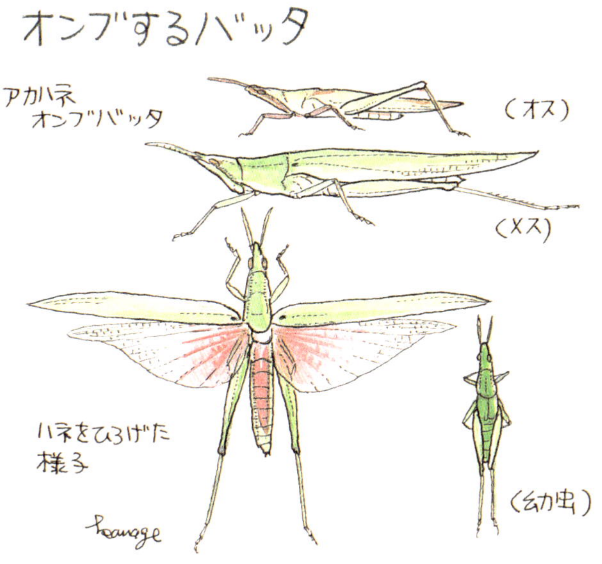

【ちょっと解説】

オンブバッタ、アカハネオンブバッタは、オンブバッタ科の昆虫。日本にはこの2種しかいないが、世界中にはもっと多くの種類がおり、普通のバッタに姿、形がよく似ているものもいる。

大きなガ

「家のあかりに大きなガがやって来たけれど、これは何というガかな」

ゲンさんからそんな電話がかかってきました。

「ひょっとしたらヨナクニサン？」。ゲンさんはそうもききます。ヨナクニサンは世界で一番大きなガとして有名なもの。でも、ヨナクニサンは沖縄県では、与那国島と西表島にしかすんでいません。しかしゲンさんの家は宜野湾《ぎのわん》なのです。

ゲンさんから電話がかかってくる前のことです。ぼくは西表島の道を歩いていて、あかりの下でガのハネがたくさん落ちているところにでくわしたことがあります。あかりにやってきたガを、鳥が食べてハネを落としていたのです。その中に大きなガのハネのカケラを見つけて、「ひょっとしてヨナクニサン？」と思ってワクワクしました。でも調べてみたらハネのもようがちがいます。ヨナクニサンよりひとまわり小さなシンジュサンのハネでした。そんなまちがいを自分でした後だったので、ゲンさんからの電話にピンときました。「シンジュサンだよ。シンジュサンなら、沖縄島にもすんでいるから……」

しばらくしてゲンさんが、そのガを持ってきてくれました。そしてそれはやっぱりシンジュサンでした。

大きなガ

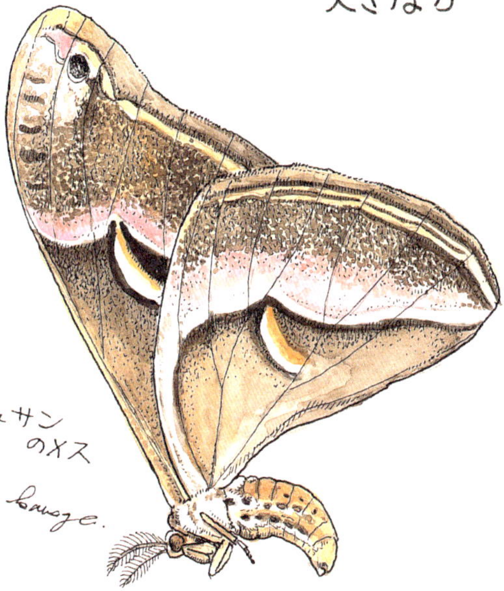

【ちょっと解説】

ヤママユガ科のシンジュサンは、沖縄のほか、本土、中国大陸、インドなどに分布。名前のシンジュは、真珠ではなく、幼虫がシンジュという木の葉を食べることからついた。また、そのマユからは絹《きぬ》のような繊維《せんい》がとれる。

カマキリの敵

学校に行ったら、机の上にぼくあてのオミヤゲが置いてありました。それはオキナワオオカマキリの卵のうでした。

ぼくの学校は佐敷に寮《りょう》があります。その寮で、生徒たちの世話をしているのがナビィさんです。このカマキリの卵のうは、ナビィさんが寮の近くの草ムラで見つけたもの、ということでした。

沖縄には何種類かのカマキリがいますが、ぼくはこの時までオキナワオオカマキリの卵のうを見たことがありませんでした。それですっかり喜んでいると、生徒たちも「そんなにめずらしいものなの？」といって周りに集まってきました。

「こんな卵のうを食べちゃうやつっているの？」

卵のうを前にしてやりとりをしていたら、ユージがぼくにそうきいてきました。卵のうは卵の周りをふかふかの物質でおおっています。こうしたしくみで卵を低温や乾燥《かんそう》や敵から守っているのです。ではカマキリの卵はすっかり安全なのでしょうか。

卵のうをぼくの家の机においてしばらくした後のことです。ふと気づくと小さなハチが卵のうからいっぱいでてきました。このハチは卵のうの中の卵を食べて育ったもの。カマキリの卵のうの敵はこんな小さな生き物でした。

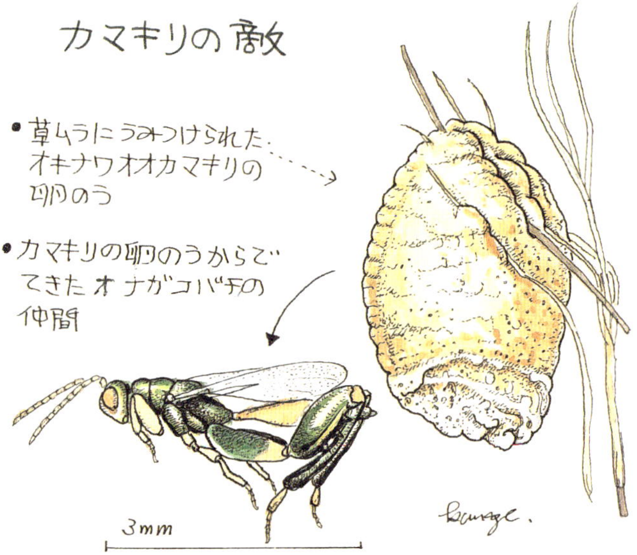
カマキリの敵
・草ムラにうみつけられたオキナワオオカマキリの卵のう
・カマキリの卵のうからでてきたオナガコバチの仲間
3mm

【ちょっと解説】
　産みつけられてから時間のたったカマキリの卵のうを見てみると、コバチの脱出した小穴のあいたものが、ひんぱんに見つかる。また、カマキリの卵のうの中身を食べ荒らすカツオブシムシの仲間もいる。

キョウチクトウスズメ

沖縄も風がすっかり冷たくなりました。でもそんな沖縄の冬に登場する虫というものもいます。キョウチクトウスズメというガがその虫です。

キョウチクトウスズメは、名前のとおりキョウチクトウの葉を食べます。キョウチクトウだけではなく、同じ仲間のニチニチソウにもやってきます。庭や道ばたのニチニチソウが気がついたら丸ぼうずになっていて、そこに大きなイモムシがくっついているのを見てびっくりしたことがあるかもしれません。こうした葉っぱを食べて育った幼虫は、やがて地面の上でサナギになります。

「このイモムシはチョウになるの？ ガになるの？」

去年の冬、那覇の前島にある薬局のおばさんが、道わきのニチニチソウを食べていたキョウチクトウスズメの幼虫を見ながらぼくにそう聞きました。イモムシは大きくて目だつのですが、成虫は見たことがないというのです。成虫ははねが緑色のきれいなガですが、夜行性のためふだん目にとまることがあまりないのです。それでも気をつけていると、草の上に止まっていたり、道の上でふまれてしまったものを見かけます。こんなキョウチクトウスズメは冬以外ではさっぱり見ません。どこでどうしているのかナゾの多い虫なのです。

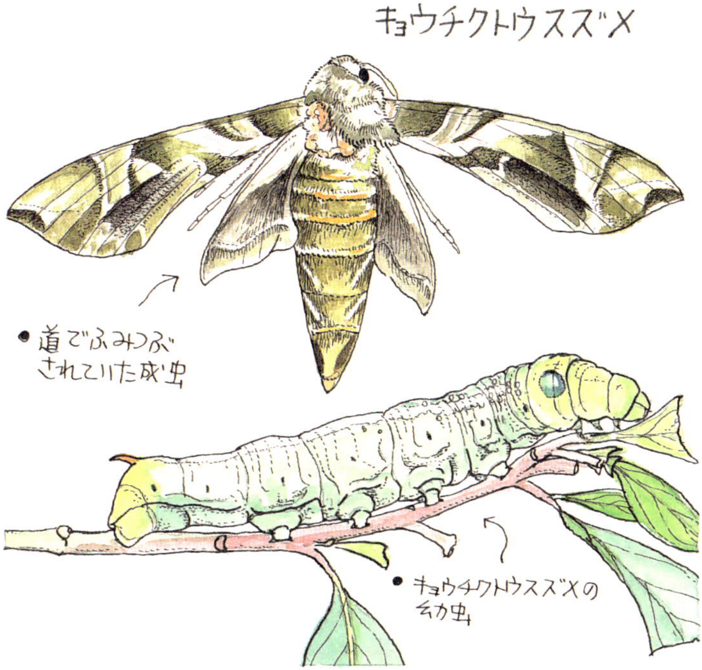

【ちょっと解説】

キョウチクトウスズメは、毎年アフリカからヨーロッパへ渡りをするので有名。東南アジアにも分布し、沖縄では1960年代からその姿が見られるようになった。しかし住みついているのか、毎年、渡ってくるのかは不明。

スケスケのハネ

「ハイ、これおミヤゲです」

遊びにきたスギモト君が、1匹の虫をぼくに手わたしました。ぼくはそれを見て大喜び。もらったのはちっちゃな黄土色のガだったけれど。

去年の2月。ぼくはマンションの廊下《ろうか》で1匹の虫を見つけました。最初とまっている虫を見た時は「セミ？」と思ってしまいました。ハネを体のわきにたたんだ姿がセミに似ていたからです。何よりハネが透明《とうめい》。でも季節は冬。それにセミにしてはずいぶん小がらでした。よくよく見るとそれはセミではなくて、ガの仲間なのでびっくりしました。

「ガはコナをまきちらすからキライ」

そんなふうにいう人がいます。ガのハネには鱗粉《りんぷん》というコナがたくさんついています。でもこのガのハネにはコナがなくてスケスケなのです。「何というガかな？」。ぼくはしばらくなやんでいました。

「それはスキバドクガだよ」

ある時、スギモト君にきいてみたら、この虫の名前をすぐ教えてくれました。そしておもしろいことにスケスケのハネを持っているのはこのガのオスだけだ、というのです。それから1年。ようやくぼくはこのガのメスに出合えたのです。

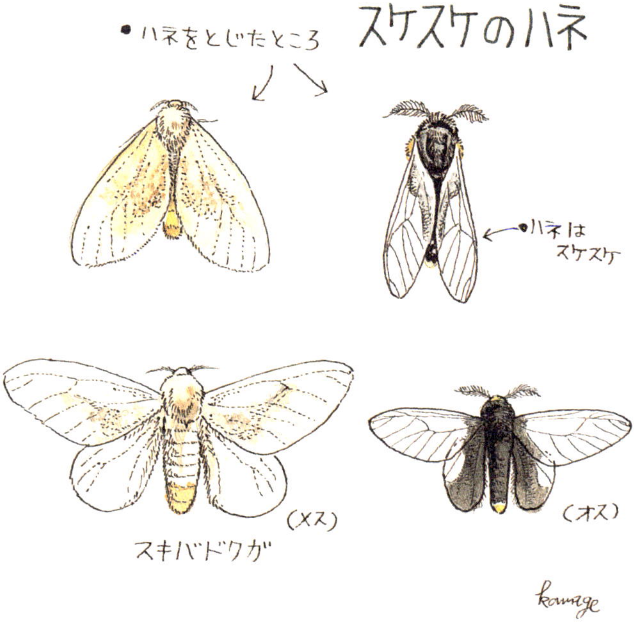

【ちょっと解説】

ドクガは日本からは50種ほどが知られ、このうちドクガとチャドクガなど、いくつかの種類の幼虫は、うっかり触れるとヒフに発疹《ほっしん》やかゆみがひきおこされる。ただ、ドクガという名を持っていても、無害なものも多い。

東西南北

学校の畑に、イモほりに行きました。

「ゲッチョ、これ何だ？」

しばらくイモをほっていたら、タケシゲさんが、畑の土の中から虫のサナギをほりだしました。ゾウの鼻のように、サナギの口が長い、変わったサナギです。

「これはサツマイモの葉を食べる、エビガラスズメというガのサナギですよ」

タケシゲさんにそう答えます。そして生徒たちにも見せました。するとです。

「東西南北だ。よくこれで遊んだよ」

屋久島からぼくの学校に来ているケンタがうれしそうにさけびました。ほかのみんなは、「東西南北って何？」という顔。このサナギ、つつくとおしりをぴくぴく動かします。そこで頭をつかんでおしりを上にむけ、たとえば「南むけ」と声をかけるのです。サナギがおしりをふって、ぴたっと止めた方向が「南」……。こんな遊びです。ぼくたちはさっそくサナギに「北！」「東むけ」といって遊びました。

「じゃあ昔の人は船にこれ持って乗ったのかなぁ」

キッキがそういったのでみんな大笑いです。

「そんなんじゃあ、そうなんしちゃうよ！」

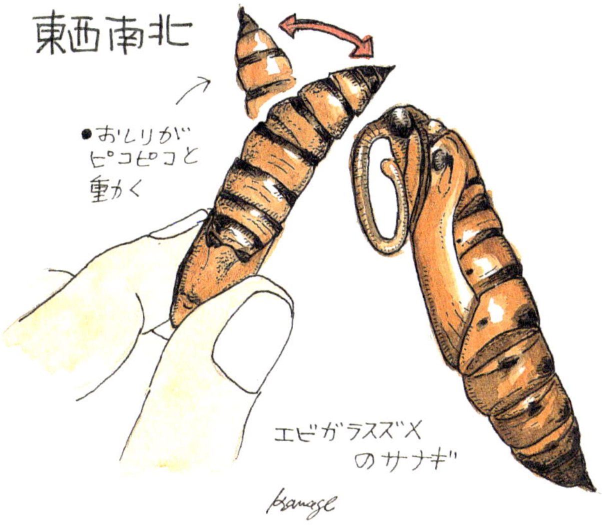

【ちょっと解説】

スズメガの仲間のエビガラスズメの幼虫は、サツマイモのほか、ヒルガオやアズキの葉も食べる。幼虫は大きくなると、9センチもの長さになり、やがて土中で蛹化《ようか》する。沖縄をはじめ、本土、中国、東南アジアなどに分布。

オオスカシバ

「鳥みたいなハチいる？ ハネをすごくはやくパタパタさせていたんだよ」

大学生のマリコが遊びにきて、ぼくにそうたずねました。

「それって緑色だった？」

「うん。キレイで鳥みたいだった」

マリコが見たのは、鳥でもハチでもありません。オオスカシバというガです。このガはハネがとうめいです。そしてハネを見えないくらいはやく動かして、空中にとまりながら長い口をのばして花のみつをすいます。

「ガもみつをすうの？ いがいだなぁ。あかりにむらがってるだけだと思ってたのに」

ミッチャンもそう言っておどろいています。

オオスカシバは、ふつうのガとちがって昼間も飛びまわるのです。だからマリコたちはガだとは思わなかったのです。

アメリカには、花のみつをすうハチドリという小鳥がいます。ハネを見えないぐらいにはばたかせ、花のみつをすう鳥です。日本にはハチドリはいませんが、オオスカシバの行動はこのハチドリによくにています。テレビのおかげで、日本にはいないハチドリも名前はよく知られています。そのため、このガをハチドリだと思ってしまう人も多いんです。

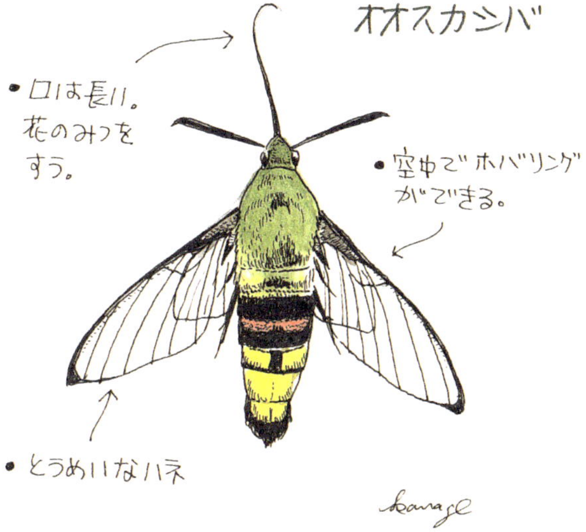
オオスカシバ
・口は長い。
花のみつを
すう。
・空中でホバリング
ができる。
・とうめいなハネ
kanage

【ちょっと解説】

スズメガ科のオオスカシバの幼虫は、クチナシの葉を食べるため、庭先でも見ることがある。本土、沖縄、中国、東南アジアに分布。同じスズメガ科のホウジャク類も、ハチドリと見まちがわれることがある。

ハネなしのガ

「あれ、何かへんなものがついてるよ」

佐敷町の小谷《おこく》を散歩していたら、カコちゃんがサクラの葉っぱをみあげてそういいます。

近よってみると、葉っぱのウラに虫がいます。それもちょうど卵をうんでいるところ。おもしろいのは、卵をうんでいる成虫なのに、この虫にはさっぱりハネが見あたらないことです。でもよく見ると、卵はマユの上にかためてうみつけています。こんなマユを作るのはガのなかまにちがいありません。

「おもしろいガを見たんだけど」

友だちのスギモト君にさっそく電話しました。

「ぼくも見たことないけど、コシロモンドクガというガのメスにはハネがないらしいよ」

スギモト君はそういいます。

しばらくして、今度はクズの葉っぱのウラで同じ形のマユを見つけました。しめしめ……。家にもって帰ってようすをみます。すると2日後に、今度はハネのあるガが羽化してきました。本でしらべてみると、このガはやはりコシロモンドクガでした。オスは茶色のめだたないガです。オスとメスでこんなにすがたがちがうのにびっくりです。

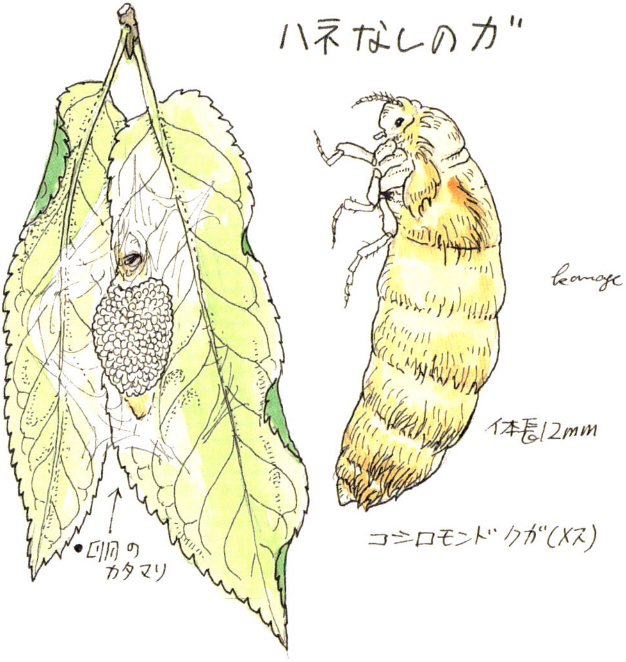

【ちょっと解説】

昆虫の中には、メスだけ飛べなかったり、翅が退化しているものがままある。これは飛翔《ひしょう》に使うエネルギーを、産卵にまわすためと考えられる。コシロモンドクガは奄美以南、東南アジアやニューギニアに分布。

木の実のようなマユ

「これは何ですか？ 木の実ですか？」

西原小学校の親子ハイキングで県民の森に行ってきました。ドングリをひろったり、虫をさがしたりして森を歩いているうち、ユウヤ君のお父さんが変なものを見つけたのです。

「モクマオウの実ににてるよ」

そんな声もします。

でも見てみると木の実ではありません。虫のマユです。それがいっぱい集まって木の実のような形になっているのです。ただ、マユはみんなカラッポ。どんな虫のマユなのかわかりません。

「ゲッチョ先生。またありましたよ」

またお父さんが見つけてくれました。それに今度は中身がまだ入っています。ぼくはうれしくなって、そのマユをフィルムケースに入れました。

森を歩きおわって、お昼ご飯の時間です。ぼくはふとむねのポケットに入れておいたフィルムケースを見てびっくり。マユから小さなハチがいっぱい羽化しているじゃないですか。

この木の実のようなマユはハチのものとわかりました。それでもどんなくらしをしてるハチなのかはまだナゾです。

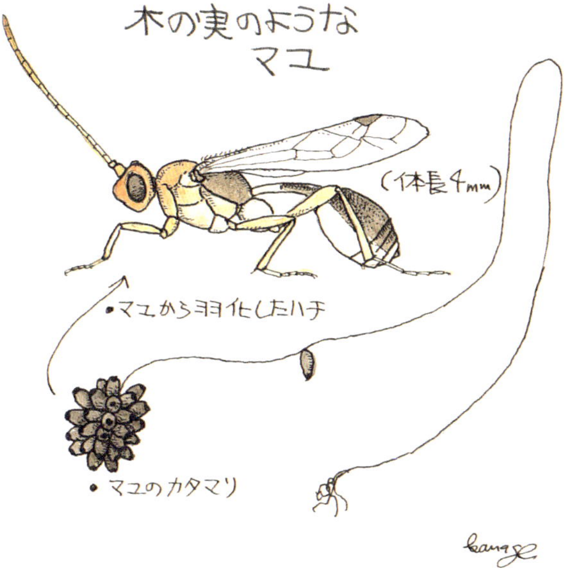

【ちょっと解説】

コバチやヒメバチと呼ばれる小型のハチ類はたいへん種類の多いグループである。図のハチは、おそらくヒメバチの仲間で、幼虫は何らかの昆虫に寄生しているのではないかと考えられる。

冬のホタル

「そろそろ出ているころだよ」

虫友だちのスギモト君がそう教えてくれます。

何がそろそろか、というとホタルを見に行くのがそろそろだ、という話です。でもこれは12月の話。

「エッ、冬にホタル？」

そう思うかも知れません。ところが沖縄には、成虫が冬にだけでるホタルもいるのです。しかもぼくたちは昼間にそのホタルを見に行きました。

「林のへりのあたりを飛んでいたりするよ」

スギモト君はそうも教えてくれますが、この日はくもり空だったためか、全然飛んでいません。ようやく葉っぱのウラで休んでいたものを1匹見つけました。

タテオビヒゲボタルは光らないホタルです。光でオスとメスが信号をかわしあう普通のホタルとちがい、このホタルはニオイで相手をさがします。そのためオスのしょっかくはとてもりっぱです。だから昼間でも飛んでいるんですね。

沖縄島にはタテオビヒゲボタルがすんでいますが、ほかの島にはまた別のホタルがすんでいます。久米島の虫大好き少女のマリンちゃんから届いたクリスマスプレゼントは、久米島だけにいる、シブイロヒゲボタルでした。

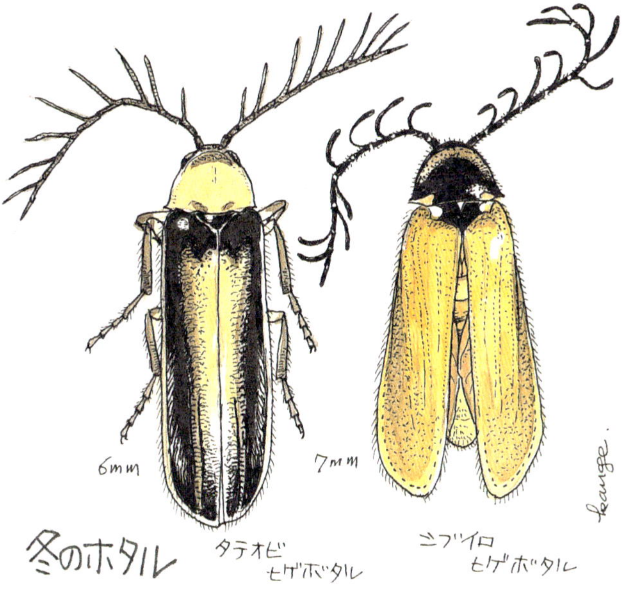

【ちょっと解説】

ヒゲボタルは、以前はクシヒゲボタルやフサヒゲボタルとも呼ばれていた。ここで紹介した種類以外に、八重山にキベリヒゲボタル、奄美にアマミヒゲボタルが分布する。

コマユバチ

「このシャクトリムシ、卵をうんでいるの？」

カコちゃんが枝の先についているシャクトリムシを見つけてそうききました。見ると、シャクトリムシの足元に、白いつぶのようなものがいくつもくっついています。

「これはコマユバチの幼虫だよ。シャクトリムシに寄生するハチで、体の外にでてきたところだよ」

「えっ？ でもシャクトリムシまだ動いているよ」

カコちゃんはビックリしています。

コマユバチの親はシャクトリムシなどに卵をうみつけます。そして幼虫はシャクトリムシの体の中を食べて育ちます。このとき、相手を殺さないように、神経など大事なところは食べません。やがて大きくなった幼虫は、シャクトリムシの体を食いやぶって外に出て、枝の上でマユを作ります。このときまでシャクトリムシはまだ生きていますが、やっぱりそのうち死んでしまいます。

それにしても、ちょうど体の外へ幼虫がでるときに出会ったのはぼくもはじめてです。持ち帰った幼虫はマユを作り、そこから小さなハチがでてきました。

林の中で木をよく見て歩いていると、こんなコマユバチのマユのカタマリはあんがい見つけることができますよ。

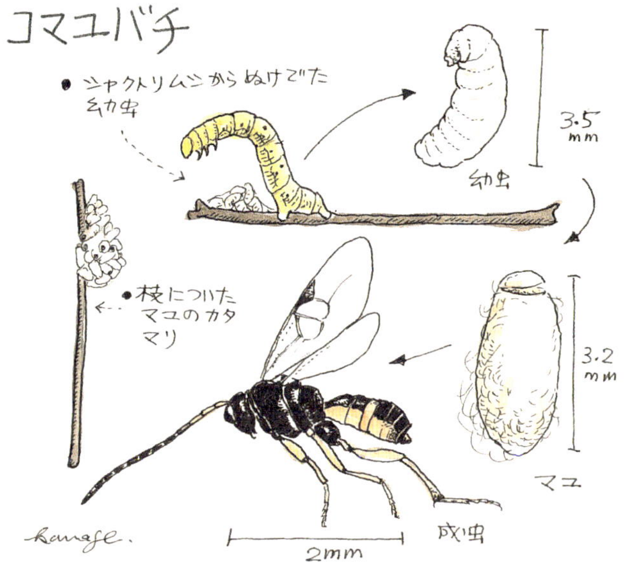

【ちょっと解説】

コマユバチ科のハチも、種類の多いグループである。カミキリムシの幼虫、ハエ、アブラムシ、ガの幼虫、アリなど、種類によってさまざまな昆虫に寄生する。

ハサミムシ

東京からカミムラさんがやって来ました。カミムラさんはハサミムシの研究をしています。沖縄まで、わざわざハサミムシをつかまえに来たと聞いて、学校のみんなはびっくりです。

「ハサミムシなんて、ダンゴムシさがしてるときに見る虫としか思ってなかった」

アマネはそう言います。「ハサミムシのハサミは何につかうの？」。そんな質問もとび出します。

「ハサミで敵から身を守ったり、エサとったりいろいろです。ハネをひらくとき、ハサミでよっこらしょとひらいたりもします」

これを聞いていたクミが「じゃあ、おしりでエサを食べるの？」と言ったので、みんな大笑い。ハサミはエサをつかまえるだけで、もちろん口で食べるのです。

カミムラさんといっしょに、ハサミムシをさがしに行きました。佐敷町の海岸へ。海岸に打ち上げられたごみの下には、ハマベハサミムシという種類がすみついているのです。

「おっ、いたいた」

ぼくたちは、海岸でごみをめくってはハサミムシをさがすという、ちょっとあやしい時間をしばらくすごしました。

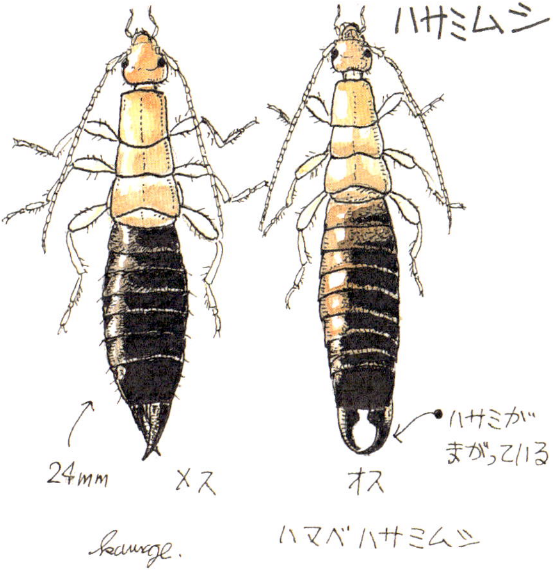

【ちょっと解説】

ハマベハサミムシは、ハサミムシの中で最も普通に見られる、世界共通種。海岸の砂地だけでなく、人家近くや林内でも見られる種類。ハサミムシ目の昆虫は、日本では約20種が知られている。

アリの巣の虫

佐敷町にある学校の畑へ行ったときのことです。

畑の地面においてあった板をめくってみました。何か虫がかくれていないかな、と思ったからです。

カタツムリやワラジムシが見つかります。そしてワラワラと足の長い、黄色っぽいアリが出てきます。アシナガキアリが、板の下に巣を作っていたんですね。そのアシナガキアリにまじって、黒い小さな虫が目にとまりました。

「何だろう？ ゴキブリの赤ちゃんかな？」

ところがゴキブリではありませんでした。小さなこの虫、アリヅカコオロギだったのです。アリの巣の中でくらしている虫なのです。

拡大してみてみると、ズングリした体に、大きな後足がついています。スギモト君に聞くと、このアリヅカコオロギはほとんどいつもアシナガキアリの巣の中で見つかるそうです。

アリヅカコオロギはアリの巣の中で何をしているのかな？ 本を見てみました。アリヅカコオロギはアリの卵を食べたり、アリのエサを横どりしたりする、と書いてあります。そんなことをして、よくアリに攻撃《こうげき》されないものですね。そのヒミツは、アリの動きをマネしてこっそりまぎれこんでいるため。

黄色のアリを見かけたら、この虫をさがしてみてください。

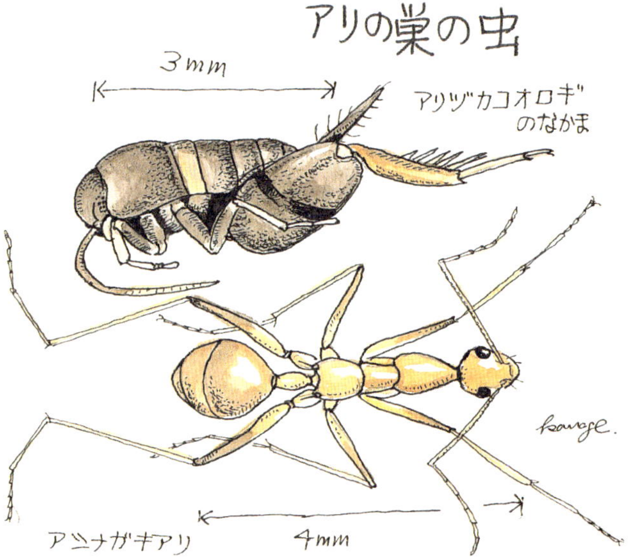

【ちょっと解説】

アリヅカコオロギは、コオロギという名はついてはいるが、コオロギ科ではなく、独自のアリヅカコオロギ科に属する昆虫。種類によって、分布地域や、すみつくアリの種類が違っている。

フンコロガシ！？

「フンコロガシを見つけたんですけど……」

東風平町《こちんだちょう》のトミマスさんから、そんな連絡をもらいました。

「ええっ？」

ビックリ。それというのも、沖縄にはフンコロガシはいないからです。フンコロガシは有名な虫ですが、沖縄もふくめて日本には、本当のフンコロガシはいないのです。じゃあいったい何だろう？ ぼくはトミマスさんがつかまえた虫を持ってきてくれるまで、ちょっとドキドキでした。

トミマスさんが見せてくれた虫を見てまたビックリ。それはエンマコガネという小さな虫でした。

「家でかっているイヌのフンに来ていたんですよ。気がついたら、フンを転がして運んでいたんです……」

虫を見つけたときの話をききました。

エンマコガネは、フンコロガシと同じく、動物のフンが大好きです。でも普通はフンを転がすことはなく、フンの下の地面にトンネルをほって、その中にフンを運び入れます。

話を聞くと、イヌのフンはコンクリートの上に落ちていたということでした。きっと地面をほれなかったエンマコガネが、しょうがなくフンを運ぶことにしたようです。ただ、こんな話は初耳。ぜひ自分でも見てみたいと思っています。

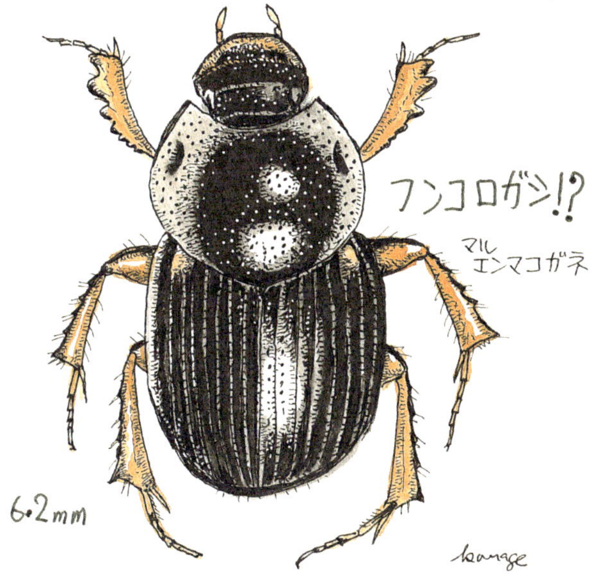

【ちょっと解説】

ファーブルの昆虫記に登場するようなフンコロガシは、朝鮮半島や台湾まで分布するが、日本には生息していない。マルエンマコガネは、沖縄をはじめ、本土、中国に分布するフン虫の仲間。

イソウロウグモ

学校のキャンプで、ヤンバルの与那覇岳《よなはだけ》に登りました。

天気はよくなかったのですが、リュウキュウヤマガメも見られてうれしくなります。そして森の中で、大きなアミをはっているクモも見つけました。オオジョロウグモです。

オオジョロウグモは体長5センチほどにもなる大きなクモです。ところがよく見ると、そのクモの巣に小さな赤いクモが何びきもくっついていました。

「これはアカイソウロウグモだよ。大きなクモの巣にすみついて、おこぼれを食べたりしてるんだよ」

ぼくがそう言うのを聞いて、キッキは「ジョロウグモに食べられたりしないの？」と心配します。

ところが、このイソウロウグモの仲間、本で調べてみると体の大きさの割にはだいたんです。おこぼれをもらうどころか、ジョロウグモが食べているエサにとりついて、盗み食いするものもいるそうです。そして中には宿をかりているはずのクモにとりついて、食べてしまうものもいるといいます。これではイソウロウではなくてヌスットやコロシヤですね。

「うーん。ビミョウな関係」

ノブはそう言ってまじまじとイソウロウグモを見上げました。クモは大きければ強いというわけではなさそうです。

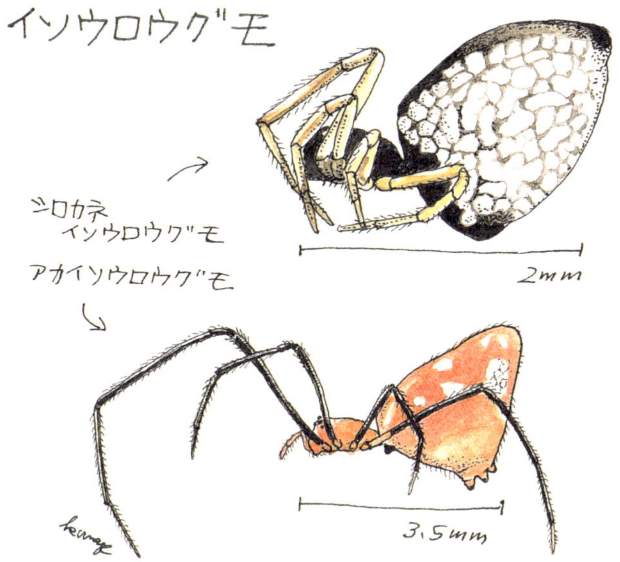

【ちょっと解説】
　ヒメグモ科に属するイソウロウグモ類には、ほかにフタオイソウロウグモ、チリイソウロウグモ、トビジロイソウロウグモなどがいる。ジョロウグモの巣に、銀色の小さな粒が見えたら、それがシロカネイソウロウグモ。

ナゾのホタル

「今まで見たことないくらい大っきなホタルが、家に入ってきたの。光も明るかったよー。何というホタル？」

東風平町に住むハツコさんが、そう言って1匹のホタルをとどけてくれました。

見てびっくり。オオシママドボタルだったからです。

オオシママドボタルは秋から冬にかけて姿をあらわすホタルです。でもおどろいたのは、このホタルが東風平で見つかったこと。オオシママドボタルは西表や石垣島にすむホタルなのです。

「八重山のホタルが、なんで東風平で見つかったのかな？」

そう考えてしまいます。ひょっとしたら、だれかが八重山でホタルをつかまえて、放したのでしょうか。それとも、幼虫が植木の土か何かといっしょに八重山から運ばれてきて、東風平で成虫になったのでしょうか。ナゾです。

八重山にすむホタルなのに、オオシマと、奄美大島の名前を持っているのもフシギな点です。じつはこのホタルは、明治時代に初めて奄美大島で見つかって名前がつけられました。ところがそれ以来、一度も奄美大島では見つかっていないのです。沖縄では島ごとにすんでるホタルがちがいます。人間があちこちにホタルを放すとナゾがふえちゃいますね。

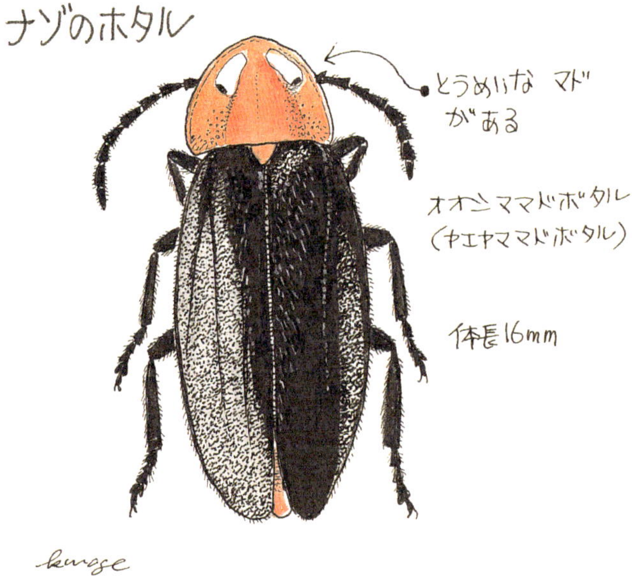

【ちょっと解説】

オオシママドボタルは、つい最近、ヤエヤママドボタルと改名された。幼虫は夜間、歩き回りながらカタツムリを捜し、捕食する。またメス成虫には翅がなく、飛ぶことができない。

ハリガネムシ

「でてきた。スゲー！」

「キモチワルイ！」

「長い、長い」

もう大さわぎです。

カマキリの成虫を、水を入れたコップにつけたとたん、ニョロニョロとそのおしりから、細長い虫が出てきました。ハリガネムシというカマキリの寄生虫です。

友だちのスギモト君が、学校に遊びにきました。そのオミヤゲが、ハリガネムシの寄生していたカマキリだったのです。

ハリガネムシはカマキリのおなかの中にすんでいます。ところが、じゅうぶん成長したハリガネムシは、カマキリが水辺にきた時に、おしりから外に出ます。そして今度は水の中でくらしはじめます。水中で卵を産むのです。水中でふかした幼虫は、水の中にくらしているほかの虫の体の中に入り、その虫がカマキリに食べられると、ぶじ、カマキリの体の中に入りこむことができるというしくみになっています。だから、寄生虫のくせにカマキリの体の外にニョロニョロと出てくるわけです。

みんな出てきたハリガネムシにビックリでしたが、ユキコが「これ飼いたい」といいだしたのでぼくもビックリ。

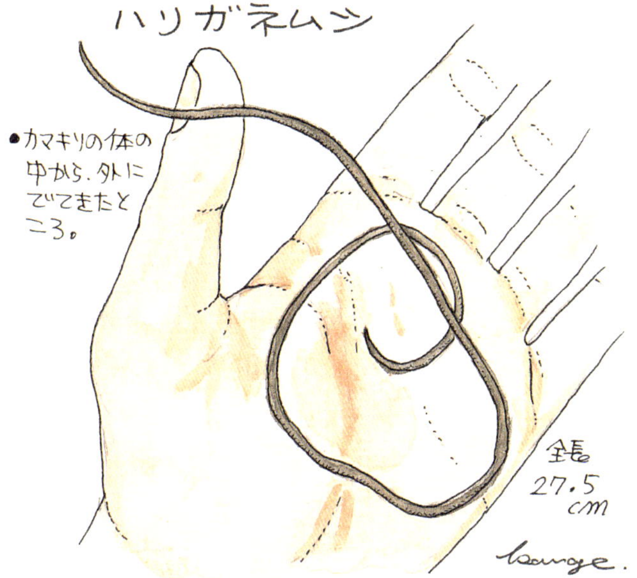

【ちょっと解説】

ハリガネムシは、類線形動物門《るいせんけいどうぶつもん》という、聞きなれない分類群に属している。カマキリ以外に、コオロギやバッタに寄生していることもある。カマキリに寄生するものも、数種ある。

なかないコオロギ

スギモト君と虫をとりに行きました。目的は、スギモト君の家で飼っている、ペットのカエルのエサとりです。

「イナゴとかが好きですよ」

そう言ってスギモト君が草ムラをアミでふるいました。アミの中にはバッタやほかの小さな虫が入っています。

「これはヒバリモドキですよ」

スギモト君が、アミの中の小さな虫を指してそう教えてくれました。

ヒバリモドキというのはちょっと変わった名前ですね。この虫はコオロギの仲間です。コオロギのオスは鳴く虫の代表。このコオロギの仲間にクサヒバリという虫がいます。小さいけれど、いい声で鳴くので、鳥のヒバリの名前をもらっています。このクサヒバリに似てるけどちがう虫、ということでついた名前がヒバリモドキというわけです。何がちがうかというと、ヒバリモドキはオスも鳴かないのです。鳴かないコオロギというのもいるんです。

「これで成虫なの？」

「なんだかハエみたい」

ヒバリモドキをほかの人に見せたら、こんな声が返ってきました。拡大して見ると、ちゃんとコオロギなんですけどね。

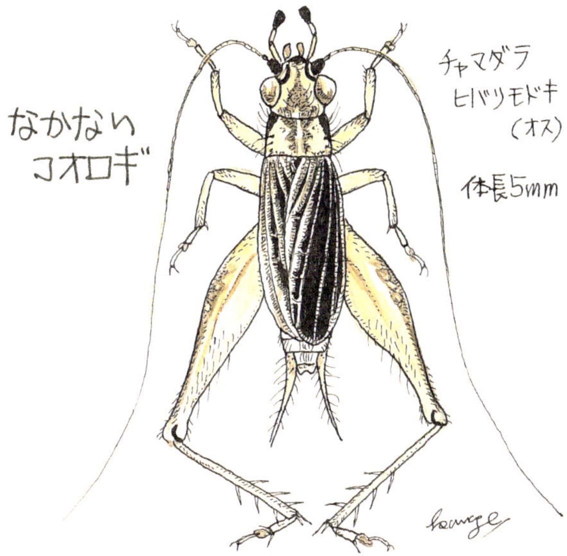

【ちょっと解説】

沖縄島では、よく似たほかの種類に、オキナワヒバリモドキとクロヒバリモドキがいる。同じ草原で、同時にこの3種が見つかることもある。

お米の虫

「おうちのお米のフクロの中に、こんな虫がいたよ」

キッキが小さな虫をぼくのところへ持ってきました。

「コムギ粉とかのなかにもいるよ。何だろう？」

でも、虫がとっても小さいので、すぐわかりません。ぼくの家にはシバンムシという小さな虫が時々出ます。この虫はかんそうした食品を食べあらしたりする害虫です。だからてっきりキッキの持ってきた虫も、シバンムシかと思いました。

ところが家に帰ってよく見ると、シバンムシとはまるで形がちがいます。はじめて見たこの虫、図鑑で調べてみたら、ガイマイデオキスイという虫でした。ずいぶん変な名前ですね。これは「外国産の米につく、おしりの出ているキスイムシの仲間」という意味なのです。お米の害虫だったのですね。本土ではめったに見ないけれど、沖縄にはすみついている、とも書いてありました。

学校でキッキに会った時、さっそく虫の名前を教えてあげました。

「ガイマイ？　でもうちのお米、アキタコマチだよ」

キッキがそう言ったので、ちょっと笑ってしまいます。

この虫が最初に見つかったのが、たぶん外国産のお米だったのです。でもお米なら日本産のものにもつくんですよ。

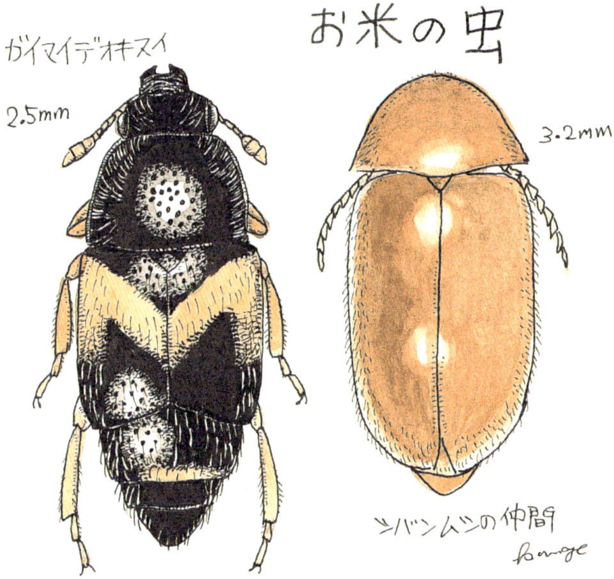

【ちょっと解説】

ケシキスイ科の虫は、花や樹液、キノコなどに集まる、小型の種類が多い。ガイマイデオキスイは、世界の熱帯、亜熱帯に分布し、日本では小笠原と沖縄に分布している。

マツムシ

「ここはマツムシがいそうですね」

キャンプ場につくなり、スギモト君がそう言いました。

学校で今帰仁村《なきじんそん》にキャンプに行ってきました。キャンプ場は海岸のすぐ近く。まわりは草ムラが広がっています。

バーベキューを食べたあと、みんなで歌ったりおどったりして遊びました。夜もふけてきたので、最後に花火をしておひらきです。

「虫の声聞きに行きませんか？」

スギモト君が、そう声をかけてくれました。ねてしまったり、まだ遊んでいる人を残して、何人かで草ムラへ入ってみます。

チンチロリン……　チンチロリン……。

キレイな声が聞こえてきます。スズムシと並んで歌にも歌われているマツムシの声です。沖縄には、野山にスズムシはすんでいませんが、マツムシの方はいるのです。

「これがマツムシですよ」

スギモト君が、ライトの光でマツムシを照らしてくれます。名前が有名なわりに、実物のマツムシを見たことがある人は、少ないんじゃないでしょうか。じつは、ぼくもはじめて見ました。声に対して、姿はとっても地味な虫でしたよ。

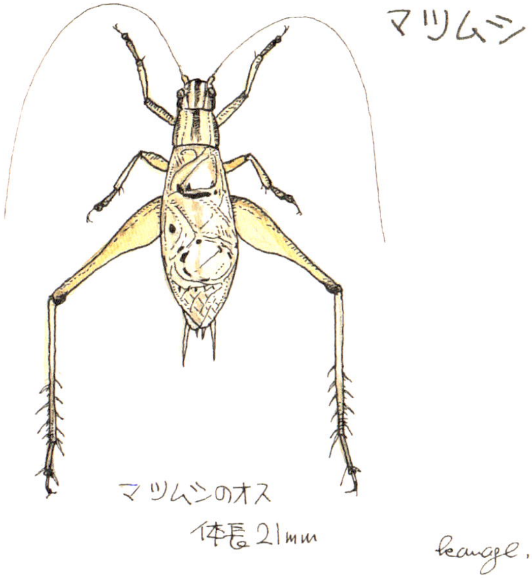

【ちょっと解説】
　マツムシはコオロギ科の虫で、草地に生息する。本土にも分布するが、近年減少傾向にあるという。ほかのコオロギ同様、鳴くのはオスだけである。

ミズスマシ

「アメンボ？」

「アメンボじゃないです。ミズスマシですよ」

小さな川の水面に、たくさんの虫が泳ぎまわっているのを見て、そんなやりとりをしました。

西原南小学校の子どもたちと、恩納村の県民の森へ行ってきました。虫を探したり、ドングリを探したりします。そしてまず見つけたのが、オキナワオオミズスマシでした。

アメンボはカメムシやセミの仲間です。それに対してミズスマシは、カブトムシやカミキリムシなど甲虫と呼ばれる虫の仲間。同じように水面にうかんでいる虫ですが、ずいぶんちがうグループの虫たちです。

アメンボをつかまえると、あまいベッコウアメのようなにおいがします。ではミズスマシはどうでしょう。

「あまいにおいがする」

「何のにおいだろう？」

全然別のグループの虫なのに、ミズスマシもつかまえてかいでみると、あまいにおいがするので不思議。ぼくはミズスマシのにおいは、果物のナシのにおいに似ていると思います。友だちのスギモト君は「アメリカのお菓子のにおい」と言います。みんなも一度かいでみてください。どんなにおいかな。

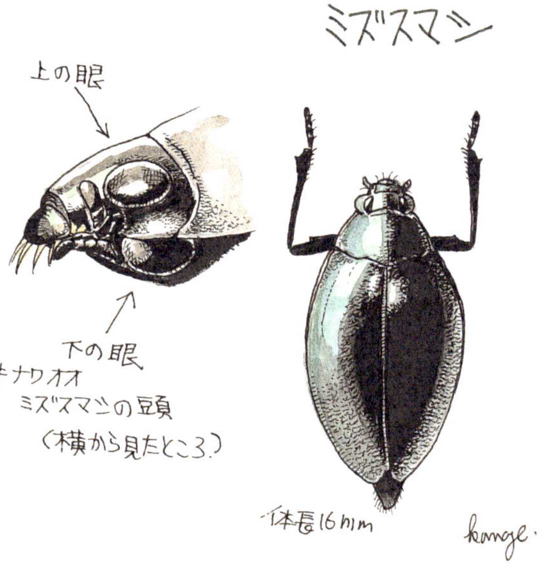

【ちょっと解説】

ミズスマシ科の昆虫は、日本からは16種見つかっている。本土で見られるミズスマシは体長6ミリほどであるが、オキナワオオミズスマシは15〜20ミリほどもある。水面生活にあわせ、眼が上下二分されている特徴を持つ。

イナゴのノドチンコ

「バッタつかまえたよ」

「生まれて初めてバッタとった」

西原南小学校の子どもたちと県民の森へ行った時です。男の子たちはトンボをずっと追いかけていました。そして女の子の方はバッタとりを始めました。

女の子たちのとってきたバッタを見せてもらいます。

「これイナゴだよ」

「えっ、バッタじゃないの？」

そして「バッタとイナゴはちがうの？」とも聞かれました。大きく言うと、バッタとイナゴは同じ仲間です。でもそれぞれに特徴があって呼び分けられています。たとえば、イナゴをつかまえて、おなかの方から見てみましょう。頭のすぐ下、ちょうど前足の付け根の所に、小さなでっぱりがつき出ています。これをイナゴのノドチンコと呼んでいます。このノドチンコがあるのがイナゴ。バッタにはノドチンコは付いていません。

ただ、このノドチンコ、何の役目があるのかはわかりません。それによく聞いてみると、虫の学者さんの中にも、「バッタとイナゴは分けられない」という人もいるそうです。

バッタやイナゴにもナゾはあるのです。

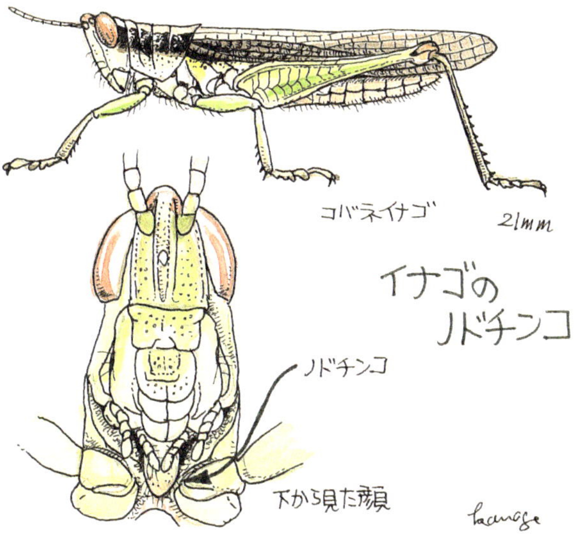

【ちょっと解説】

イナゴをイナゴ科とする場合と、バッタ科に含める考え方がある。沖縄で最も普通に見かけるのがコバネイナゴ。中にはモリバッタのように、名前にバッタとつくイナゴ類もいる。

ヒナカマキリ

「知ってるカマキリの名前ってあるかな？」

ぼくは、学校の授業で生徒たちにそう聞いてみました。

「リュウキュウカマキリ？」

「そんなのはいないよ」

「じゃあ、ナカグスクカマキリとか」

「もっといない！」

みんな、案外カマキリの名前を知りませんでした。そこでぼくは、1匹のカマキリを生徒たちに見せました。

「えーっ、ちっちゃい」

そんな声が上がります。

沖縄には全部で8種類のカマキリがいます。中にはなかなか姿を見られないめずらしいものもいます。沖縄で一番よく目にするのは、木の上で暮らしているハラビロカマキリです。そしてぼくが見せたのは、沖縄にいるカマキリで一番小さなヒナカマキリでした。

ヒナカマキリは成虫になっても羽がありません。だからちょっと見ると他のカマキリの幼虫に見えてしまいます。こんな小さな体で何を食べているんでしょうか？ ぼくはまだ実際に見たことがないのですが、アリを食べるそうです。それも好きなアリがあるとのこと。今度見てみたいと思います。

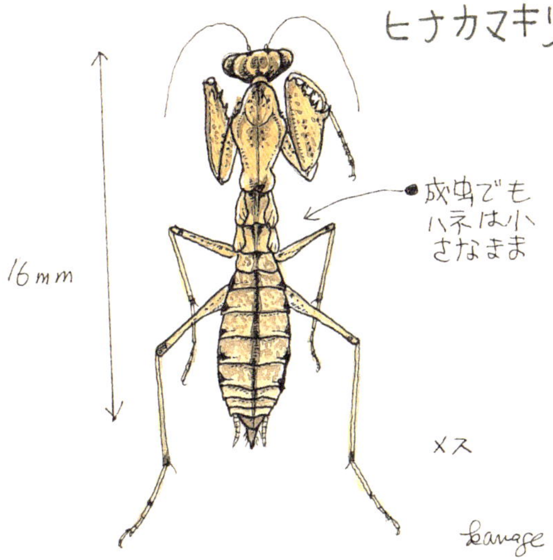

【ちょっと解説】

ヒナカマキリは、新潟県《にいがたけん》以西に分布。国外では台湾に分布。日本から11種のカマキリが知られているが、その中で最小。また唯一、成虫になっても翅が長くならないカマキリ。

冬のコガネムシ

「ゲッチョは、ケブカコフキコガネを見たことがありますか？」年末、そう言って、スギモト君が、1匹の虫を持って来てくれました。名前の通り、毛むくじゃらのコガネムシ。頭にはとても大きな触角が付いていて、なんだかかわいらしい虫です。

「このコガネムシは、冬に成虫が出てくるんですよ。それも2年にいっぺんしか出てこないんです」

どうやら、かなり変わったコガネムシのようです。体が毛むくじゃらなのは、寒い季節になって出てくるからでしょうか。そしてもっと変わった点があります。ケブカコフキコガネは夜、あかりにたくさん飛んでくるというのですが、それがみんなオスだというのです。

「メスはまだ1回しか見つかったことがないんですよ」

メスはいったいどこで何をしているのか、まだナゾの虫なのです。大きな触角を持っているのはオスだけ。きっとその触角で、かくれているメスを探し出すのでしょう。

ぼくも、自分で森の中からこのコガネムシを探してみたかったのですが、時間がなくて、気が付いたら新年。次のチャンスはもう来年の年末まで待たなくちゃいけません。

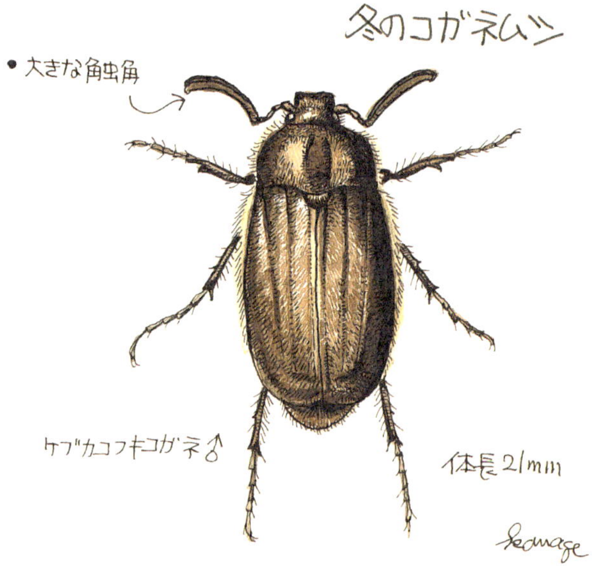

【ちょっと解説】

ケブカコフキコガネは、沖縄島、徳之島、奄美大島などに分布。沖縄島でも中、北部にのみ見られる。沖縄島での成虫の発生は、12月からの冬季。

骨を観察しよう

ジネズミ

ある日、那覇で散歩の途中《とちゅう》に死んだワタセジネズミを拾いました。沖縄でビーチャーとよぶ、ジャコウネズミはこのジネズミの仲間の動物です。

「骨をとってみようかな」と思いました。動物の生活のしかたの特徴《とくちょう》は、その骨によくあらわれていることが多いのです。そこでなべにジネズミと水を入れてしばらく煮《に》て、骨をとることにしました(さすがに食べ物を料理するなべは使わず、新しいなべを買うことにしました)。ほどよく火がとおったら、ピンセットで肉を取りのぞいていきます。そうして作ったのが絵にしたジネズミの骨です。

ジネズミというのはネズミの仲間ではありません。ネズミはものをかじって食べるために、前歯が特に大きくなっています。そして奥歯《おくば》は食べ物をすりつぶすためにひらたくなっています。ところがジネズミの歯は、すべて先がとがっています。これは虫などを食べるのにぐあいのいい歯の形なのです。ジネズミは食虫類というモグラの仲間なのです。ただ、モグラほど地面の下に穴をほって生活することはないので、体のほかの部分はネズミによく似ています。

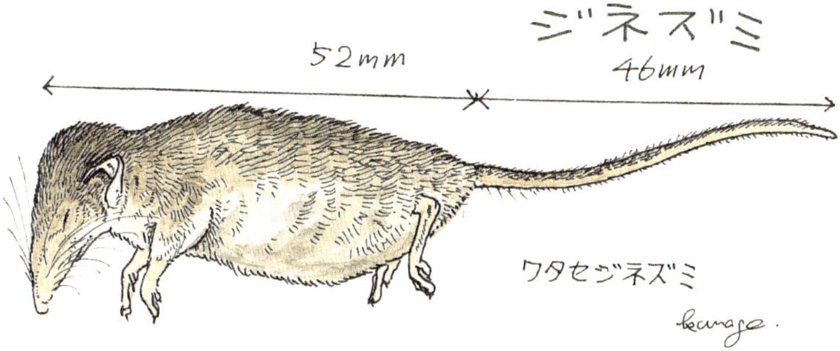

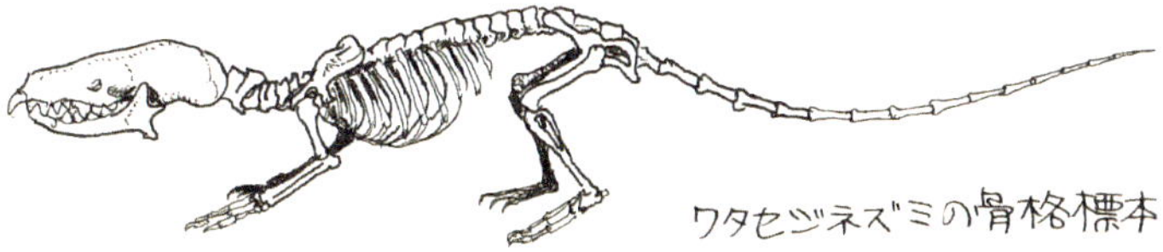

【ちょっと解説】

　モグラ、ジャコウネズミ、ジネズミは食虫類（モグラ目）のメンバー。ワタセジネズミは奄美大島から沖縄島にかけて分布。ジャコウネズミは中国、東南アジアに分布し、沖縄のものは移入されたものと考えられている。

豚のアタマ

ピンポーン。チャイムが鳴ったので戸を開けると、荷物を届けに来た宅配便屋さんが立っていました。その宅配便屋さんがぼくの家の玄関《げんかん》を見るなり、ちょっと驚《おどろ》いた顔をしました。ぼくの家のくつ箱の上にはいろいろなものがかざってあるからです。

「こういうもの好きなんですけど、高くて買えないですよ」。宅配便屋さんがその中の頭の骨を見てそう言います。でもその頭の骨は買ったのではありません。肉屋さんでブタの頭をもらってきて、なべで煮て骨にしたのです。そう答えると、宅配便屋さんはまた驚いて、「ブタの頭をこんなふうにしたんですか」と聞いてきました。「いやいや、ブタの頭の骨はもともとこんなふうですよ」と言うと、「ブタってこんなにスマートだったんですか？　今度よく見てみよう」と言うのです。なるほどなあと思いました。ブタは沖縄ではよく食べますが、あまり骨をじっと見ることはないのですね。そしてブタというと、どうも丸い頭をしていると思いがちのようです。

このあとも、宅配便屋さんとしばらくやりとりをしました。そして最後にぼくはこういいました。「今度来るときまでに、また新しい拾いものをかざっておきますよ」

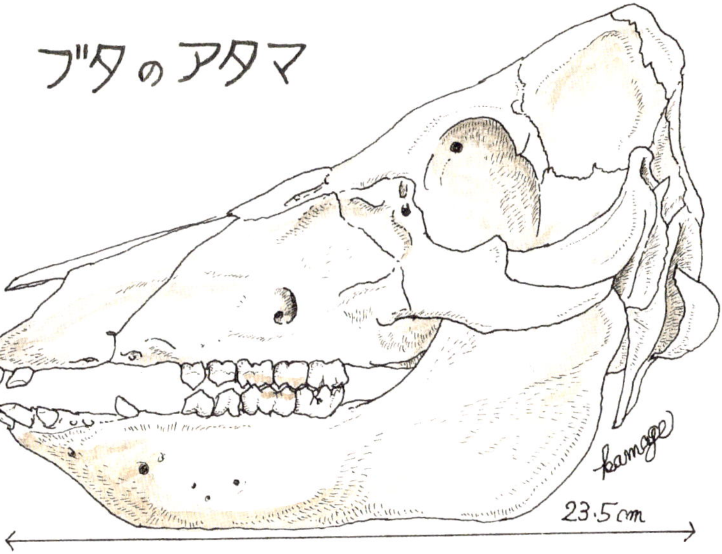

【ちょっと解説】

骨格標本の作り方で、最も基本的なものは、肉のついた状態のものを、ナベで水から煮るという方法。土に埋める方法は、よほど大型のものでない限り、骨が劣化《れっか》したりするためおすすめできない。

オオコウモリ

「ゲッチョ？ オオコウモリの死体拾ったけどどうする？」

ゲンさんから電話がかかってきました。まだ暑いころだったので、家まで取りに行くけれど死体を冷やしておいてとたのみました。なるべくくさらせたくなかったのです。

「じゃあ冷蔵庫に入れとこうか？」

ゲンさんはそうも言ってくれたのですが、家族の大反対にあってこれはあきらめたようです。そしてもらいに行ってみると、オオコウモリはもうすっかりミイラ状態。冷やす必要はなかったのでした。

しばらくコウモリのミイラはベランダに放っておいたのですが、やっとヒマができたので骨をとることにしました。コウモリが入る大きさの新しいナベを買ってきて、ベランダでにこみ、2日間ぐらいかけてきれいに骨にしました。

オオコウモリは主に果物を食べてくらしています。肉食の動物の歯はとてもするどくなっていますし、草食動物の歯は草をかみつぶせるように平たくなっています。では果物食のオオコウモリではどうでしょう。

オオコウモリの歯は、それほどとがっていません。草食動物ほどではありませんが、食物をかみつぶしやすい形をしています。やはり食べ物と歯の形は関係しているんですね。

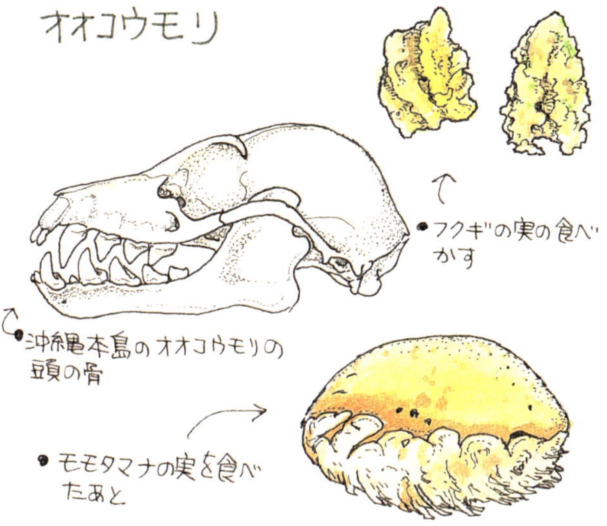

【ちょっと解説】

口永良部島から台湾の緑島にかけて、クビワオオコウモリが分布する。地域によって亜種に分けられ、沖縄島にはオリイオオコウモリ、八重山にヤエヤマオオコウモリ、大東諸島にダイトウオオコウモリが生息している。

オチンチンの骨

ぼくの学校には骨部という部活動があります。

骨部の活動でオオコウモリの解剖《かいぼう》をしました。車にあたって死んでしまったオオコウモリをもらったのです。

「うわーっ。すごい筋肉だなぁ」

体を動かすのが好きなケンタは皮をはいだオオコウモリの胸の筋肉を見て、「うらやましい」というので笑ってしまいます。

皮をはぎ、内臓の観察をしたオオコウモリは、次の週になべでにて骨をとることにしました。オオコウモリの骨はこれまで何度かとったことがありますが、今回ぼくが見たかったのはオチンチンの骨です。

拾ってきたオオコウモリはオス。オチンチンがあります。さわってみると、そのオチンチンの先っぽにかたいものが入っています。これは骨かな？

動物にはオチンチンに骨のあるものとないものがいます。アライグマなどは、とてもりっぱなほねを持っています。オオコウモリはどうでしょう。注意して肉をとると小さなかたいものがでてきました。でも形は他の動物のオチンチンの骨のように細長くありません。あとでよく見よう……、そう思っていたのですが、シマッタ！ うっかりなくしてしまいました。またオオコウモリを拾わなくっちゃ……と思っています。

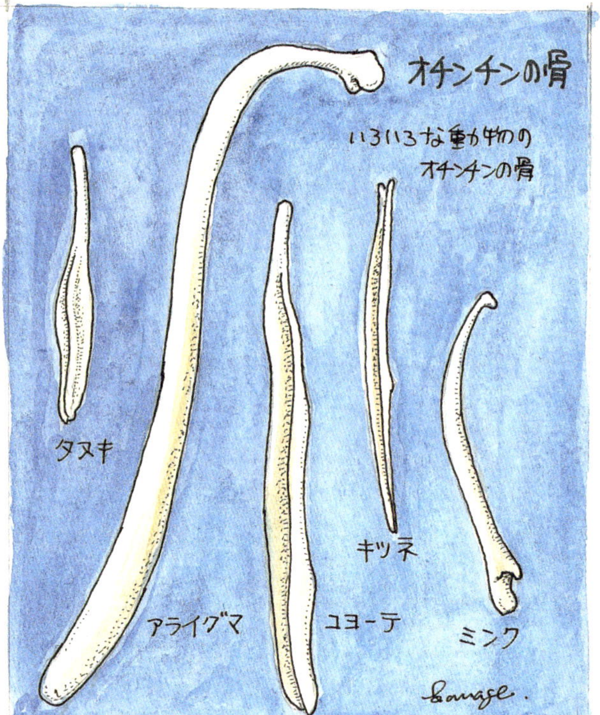

【ちょっと解説】

オチンチンの骨は、陰茎骨《いんけいこつ》と呼ばれている。サルの仲間でも、原始的なグループには陰茎骨がある。ウマはオチンチン自体は大きいが陰茎骨はない。

丸いアタマ

何かおもしろいものは落ちていないかな。そう思ってぼくはいつも行く佐敷町の馬天《ばてん》の浜へ遊びに行きました。

貝ガラを拾ったりしているうちに、ぼくは動物の頭の骨が一つ落ちているのを見つけてうれしくなりました。

この骨はイヌの頭の骨です。でもイヌは普通もっと鼻先がのびているものです。イヌはにおいをかぐのが得意な動物ですから。ただ、イヌにはいろいろな品種があります。イヌの先祖はもともとオオカミなのですが、その先祖の中から、人間が長い時間をかけていろんなイヌの品種をつくりだしていきました。足の短いダックスフント、大きなセントバーナード、そして中には鼻ペチャの丸顔のイヌもいます。

「うーん、これはポメラニアンだな」

ぼくは拾った骨をペットにくわしい友だちのヨギ君に見せました。さすがにヨギ君は一目見て、このイヌの品種を見わけてぼくに教えてくれます。

さっそくぼくは学校にこの骨を持っていきました。

「どんなふうに人は新しいイヌの品種をつくっていったのかな」「最初の1匹はどうやってうまれたの」。ぼくは授業でこの骨を見ながら、生徒のみんなと、そんなことを考えてゆきましたよ。

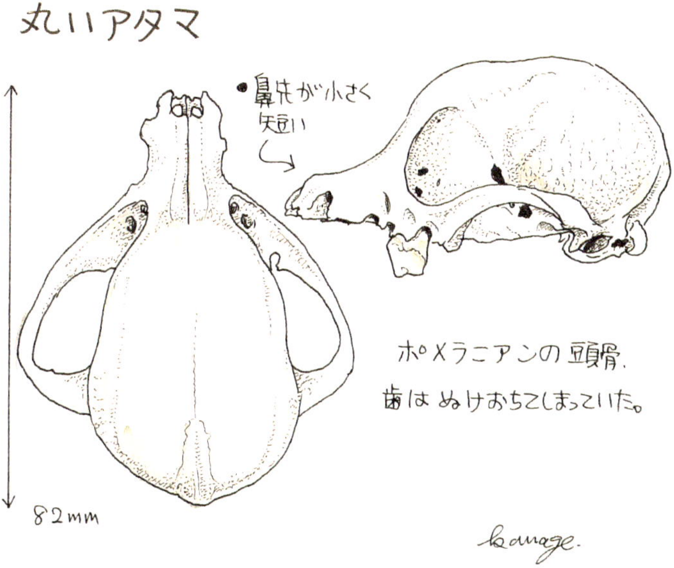

【ちょっと解説】

イヌは同じ種内の品種のバリエーションの幅が広く、頭骨も一見、まるで別の動物のものかと思うような形態になっているものがある。中でもポメラニアンやチワワなどの小型犬の頭骨は、原型から大きく変形している。

マングース

「これ、マングース？」

子どもたちに骨を見せると、よくそんな答えが返ってきます。沖縄の子どもたちは、みんなマングースという動物を知っているんですね。

でも、ぼくはこれまでマングースの骨を持っていませんでした。子どもたちは、ぼくが見せるタヌキやイヌの骨を見て、「これ、マングース？」と聞いてくれたのです。「何とか本物のマングースの骨が欲しいなぁ」。そう思っていたのですが、ようやくマングースの骨を手に入れました。家の近くで、車にひかれたマングースを見つけたのです。

マングースは、ジャコウネコ科の動物です。ジャコウネコなんて、あんまり聞いたことがない動物ですね。東南アジアなど、暖かい地方にたくさんの種類が見られる動物たちなのです。そして、マングースも今から90年ほど前に、そんな南の国から沖縄に持って来られた動物です。

「えっ、ちっちゃーい」

具志川高校1年4組で、骨の授業をすることになりました。早速、マングースの骨を持って行って見せるとそんな反応でした。今では悪名が高くなってきたマングースですが、さすがにみんなも骨を見るのは初めてのようでした。

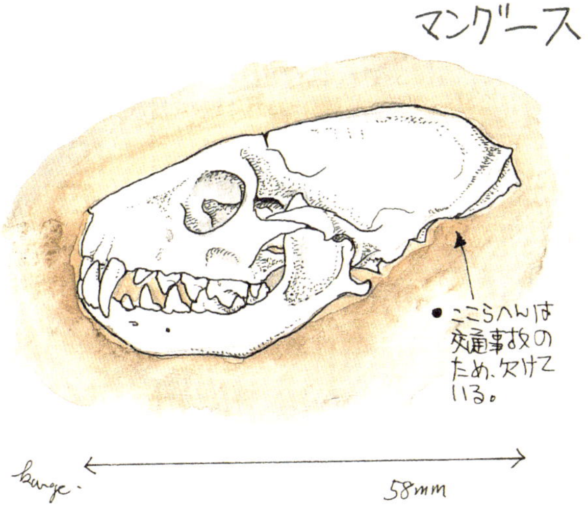

マングースの頭骨.

【ちょっと解説】

マングースにも種類があり、沖縄のものはインド産のハイイロマングースという説と、東南アジア産のジャワマングースという説がある。ただ、初めて沖縄に放獣《ほうじゅう》されたのは、1910年のインド産のものである。

トリの翼

知り合いが、死んだダチョウのひなを送ってきてくれました。せっかくなので学校に持っていって、解剖をすることにしました。

「これがダチョウのつばさ。足に比べるとずいぶんちっちゃいよね。それに、つばさに指が3本あるのがわかるね……」

「えっ？　それって進化して3本になったの？」

アズがそう聞いてきました。

ダチョウに限らず、鳥のつばさの指は3本です。試しに、夕飯にニワトリの手羽先がでたら、きれいにしゃぶって骨を見てみてください。やっぱり3本の指の骨が見られるはず。ではぼくらが5本指なのに、鳥はなぜ3本指なのでしょう。

鳥は恐竜《きょうりゅう》の一部が空を飛ぶようになったものです。そして鳥の祖先の恐竜がたまたま3本指だったというのが、鳥が3本指の理由です。鳥と恐竜はずいぶんちがって見えます。それは飛ぶために体を変化させたから。でも指の数は飛ぶこととあまり関係がなかったようです。そのため、指の数は恐竜の時と同じままなのです。

おもしろいことに、ダチョウのひなのつばさには、指先につめが付いていました。こんなのを見ると、鳥と恐竜って関係が深いんだな……と思えてきます。

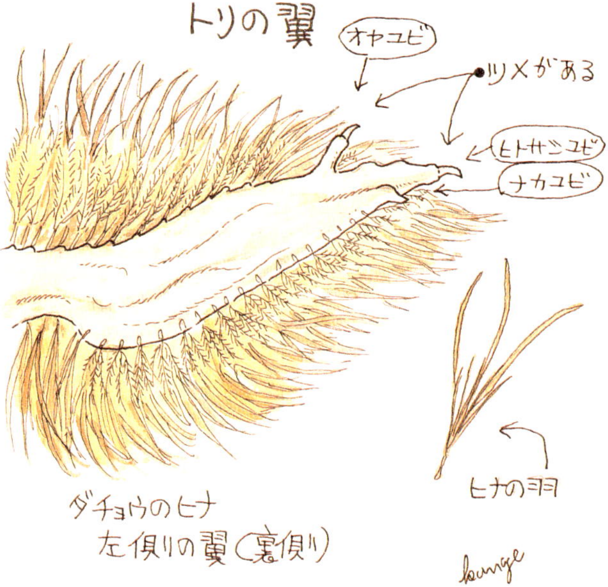

【ちょっと解説】
翼《つばさ》の指が3本であるのに対し、鳥の足指の基本数は4本。これも恐竜ゆずりのものである。ただ、足の指の数は鳥の種類によって変化があり、ダチョウの場合は2本しかない。

小さな恐竜

ルーペで拡大して見てみると、まるで恐竜の頭のようです。

公園を歩いていたら、アオカナヘビの干物《ひもの》を拾いました。せっかくなので、その干物の頭を骨にしてみました。こうした小さなものを骨にするときは、入れ歯用洗浄剤《せんじょうざい》を溶《と》かしたお湯にしばらくつけておくのです。そうすると余分な肉が溶けてきれいな骨がとりだせます。

とりだしたアオカナヘビの頭の骨を見て、おもしろいことに気がつきました。それは頭のてっぺんのところに、小さな丸い穴があいていることです。これは何なのでしょう?

ニュージーランドに、生きた化石といわれるムカシトカゲがいます。このトカゲは頭のてっぺんに目があるので有名です。つまり普通《ふつう》の目のほかに、頭のてっぺんにごく小さい目があって、合計で3つ目になっているのです。このてっぺんの目はレンズもついているちゃんとした目なのですが、ものの姿を見るのではなく、外の明るさを感じとるということです。

実はアオカナヘビの頭のてっぺんの穴は、この第3の目のなごりなのです。ムカシトカゲのものより、ずっと小さくなってしまったこの目は、はたして何に使っているのでしょうか?

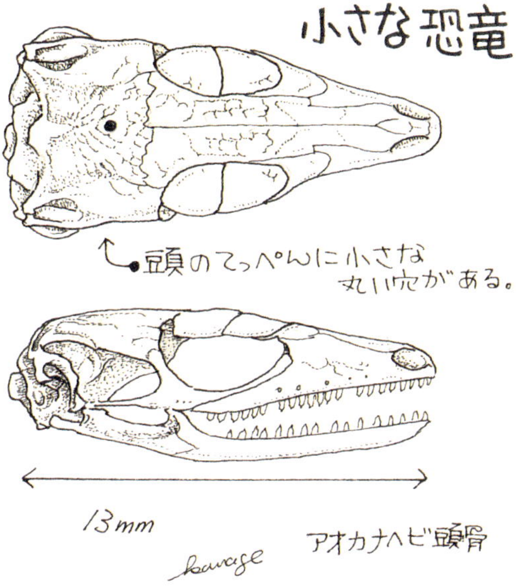

【ちょっと解説】

動物の系統から言うと、一見恐竜に顔形が似ているトカゲよりも、鳥の方がずっと恐竜に近い。またムカシトカゲも、正確に言うとトカゲとは別の独自のグループの生物である。

ハブの骨

友だちで、広島の安佐《あさ》動物公園の飼育係をしているハタセさんが遊びにきました。ハタセさんは「ほらこれ」といって一つの骨をカバンの中からとりだしました。何だろう？ と思うとトドの指の骨だといいます。「トド1頭を丸ごと骨にしたよ」。ハタセさんはそういってぼくをびっくりさせます。

ぼくの方も、ハブの骨をハタセさんに見せました。「どんなふうにして骨にしたの？」というので、「皮をはいで、内臓をとってから入れ歯用洗浄剤で肉を溶かしたんだよ」とぼくは答えました。ヘビの骨は細く、ろっ骨がたくさんあるので、お湯で煮《に》てしまうとバラバラになって、もう組み立てられないからです。

「ぼくもヘビの骨の標本を作ったよ」。ハタセさんはハブの骨をみながらそう言いました。ハタセさんのやり方は、皮をはいで内臓をとってから、そのまま虫に肉をたべさせるというので、またびっくりです。その虫というのはペットやさんで動物のえさとして売っているミールワームです。「一晩ぐらいできれいに骨になるよ。それ以上だと今度は骨まで食べられちゃう」ー。こんなやり方を聞くのははじめてです。骨のとり方も、骨をとる人もじつにいろいろなのですね。

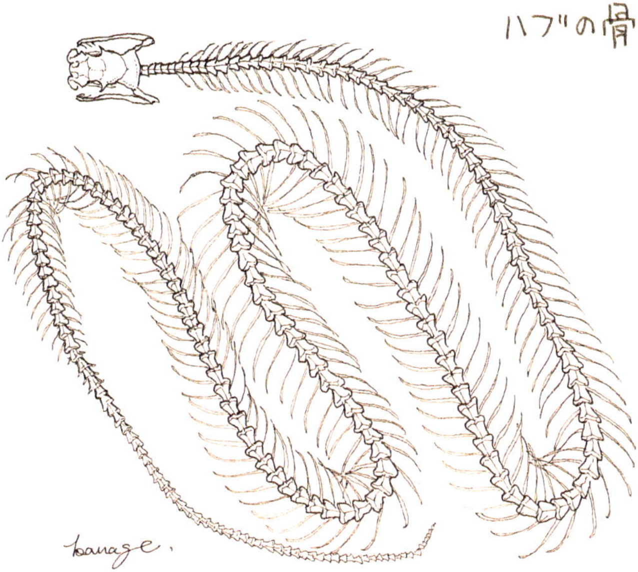

【ちょっと解説】

トカゲ、ヘビなど、細かな骨を持つ動物の骨格標本を作る時は、文中にあるように入れ歯用洗浄剤を使うと良い。ただ、肉を溶かす力はさほど強くないので、液につけ込む前にできるだけ肉を取っておくのがコツ。

メクラヘビ

渡嘉敷島《とかしきじま》を歩いていたら、側溝《そっこう》でメクラヘビが死んでいました。このヘビはミミズとまちがえそうなほど小さなヘビです。それにその名前のとおり、一目見ただけでは、目も口もわかりません。

このヘビをルーペで見てみることにしましょう。すると、ミミズとはちがって、体はウロコにおおわれているのがわかります。それに頭にはちゃんと目や口がありました。やっぱりちゃんとしたヘビだったのですね。では、しっぽはどうでしょう。トカゲではどこがしっぽか一目でわかります。では全体がただ細長いヘビは、どこからどこまでがおなかで、どこからどこまでがしっぽなのでしょうか。

小さなヘビなので、注意深く皮をはぎ、肉をとりのぞいて骨をとりだしてみました。すると、頭の骨につづいて、アバラ骨があるのがわかりました。アバラ骨のあるのはおなかの部分です。そして、アバラ骨は13センチぐらいのヘビのほとんど全長にありました。そしてそれにつづくしっぽの骨は、4ミリほどの長さしかありませんでした。本を調べたら、メクラヘビはヘビの中でもしっぽが短いと書いてあります。地中にもぐってくらすメクラヘビは、しっぽが短い方が便利だそうです。

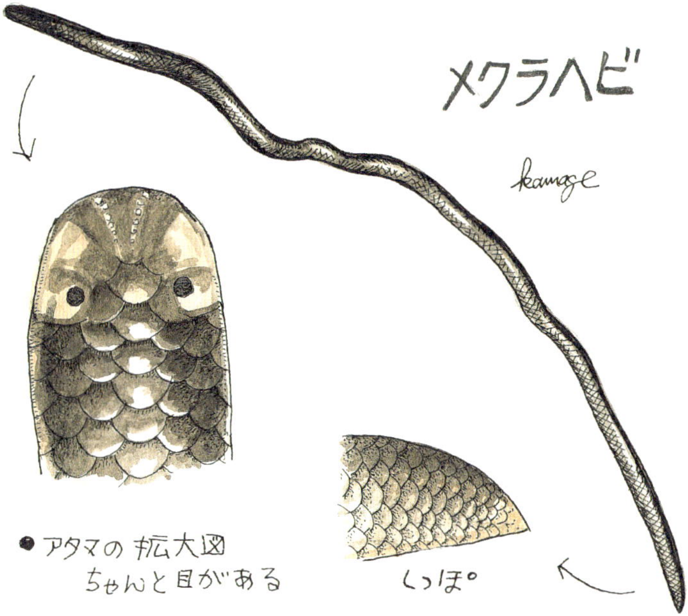

【ちょっと解説】

正式名、ブラーミニメクラヘビ。トカラ以南の島々に分布するが、世界の熱帯、亜熱帯に広く分布し、人為《じんい》移入ではないかと考えられている。メスしか存在しておらず、メスのみで卵を産み、繁殖《はんしょく》する。

ヘビの足

授業で使う三線《さんしん》を買いに行ったカオリたちが、三線を作る人のところでニシキヘビの皮をもらってきました。三線にはったあとの切れっぱしの皮です。

「おサイフに入れたらお金がふえるってよ」

「じゃあ、小さく切ってみんなでわけよう」

そんな話をしています。じゃあ、ぼくも少しわけてもらおうかな？ そんなことを思って、もらってきた皮を手にとってみてびっくりです。

もらってきたヘビの皮は、胴体《どうたい》のしっぽに近い部分でした。その切れはしに近いところに何やらへんなでっぱりがあります。裏側をみると、そのでっぱりのところに小さな骨がついていました。

「はじめて見たよ。これはニシキヘビの足だよ」

うれしくなってぼくはみんなにそう言いました。ヘビは大昔はトカゲのように足のある動物でした。そして今でも原始的なヘビにはこの足のなごりがあるのです。ニシキヘビでは、後足のなごりが小さなツメのようになってでっぱっています。皮についていた骨は、そんな昔のヘビの足のなごりの骨だったのです。ぼくはこの骨のついたところの皮をもらいました。でもおサイフには入れず、ナベでにて骨をとりましたけど。

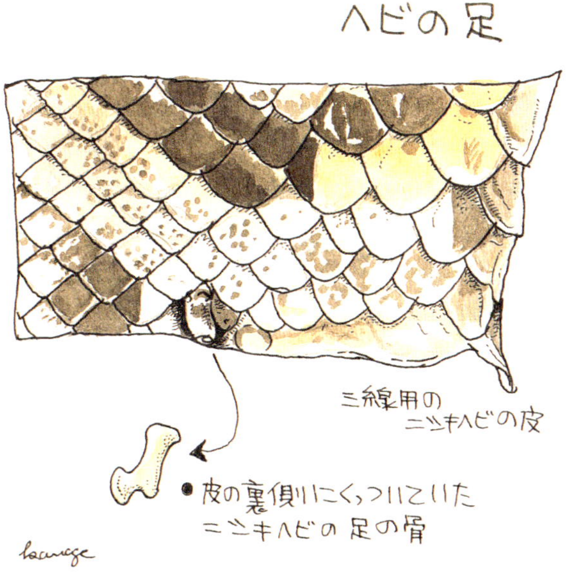

【ちょっと解説】

ヘビはトカゲの仲間から進化してきたと考えられている。半地中生活に適応したトカゲの仲間が、しだいに四肢《しし》を退化させ、現在の姿となった。その中で、原始的なヘビの仲間にはツメ状の後足が残っている。

ヘビのアタマ

海岸を歩いていて、ウミヘビの死体を見つけました。

半分ひからびたその死体。持って帰ろうと思ってもうまくいきません。それというのも、カニが巣穴にひっぱりこんでいたからです。体が半分に折れまがって、頭としっぽだけがカニの巣穴の外に出ています。ひっぱってもぬけないので、ビンのカケラを拾ってきて、頭としっぽだけ切って持ち帰りました。

ウミヘビも毒を持っています。その毒キバはどんなふうなのかな？ と思っていたのです。市場へ行けばイラブーのくんせいを売っていますが、これは高くて買えません。そこで海岸で見つけたウミヘビの頭を持って帰ったわけでした。

見つけたウミヘビは、イラブーよりもずっと頭が小さいもの。そして煮て骨にしたら、毒キバどころかとても小さな歯しか並んでいません。本で調べてみると、ウミヘビの中には魚の卵しか食べないものがいて、そんなウミヘビでは毒も歯も退化していると書いてあります。ウミヘビが全部毒キバを持っているわけじゃないんですね。

今まで骨にしたヘビの頭をずらりと並べてみます。さすがにヒメハブのキバは大っきいです。こうしてみると、ヘビといってもくらしぶりで頭の形がさまざまなのにビックリ。

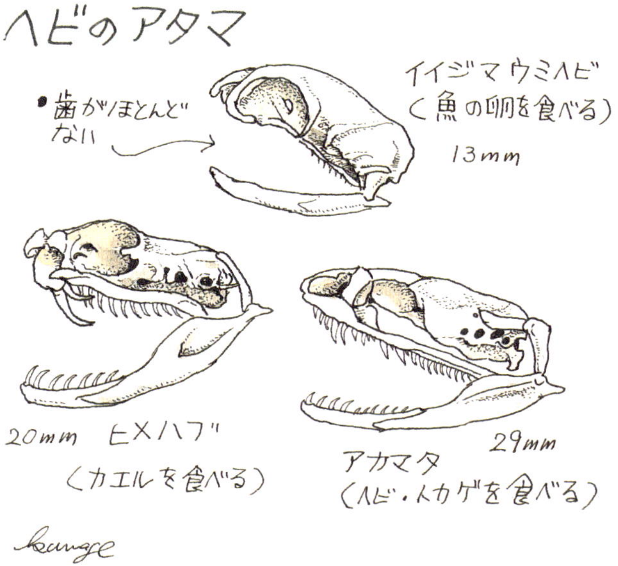

【ちょっと解説】

ウミヘビはコブラ科に属する毒蛇である。しかしその中にあって、イイジマウミヘビは魚卵《ぎょらん》を食べる特異なウミヘビで、人をかむ能力はない。全長50～90センチ。沖縄～フィリピンの沿岸で見られる。

ヤールーの骨

「なんでどんな動物の骨かすぐわかるの？」

石嶺中学校3年5組で骨の授業をしたときに、そんなことを聞かれました。

「どんな動物の何の骨か、はじめからわかったわけじゃないよ」ぼくはそう答えました。たとえば、最近ようやくわかった「骨」があります。

ヤモリの骨格標本を作ったときのことです。肉を取りのぞいて骨にして「ハテナ？」と思うことがありました。ヤモリの首のところに、白い骨のようなカルシウムのカタマリが左右にくっついていたからです。

「こんなとこに骨なんてないよなぁ。何だろう？」

しばらくずっと気になったままでしたが、正体がわかりません。ようやく最近、本の中で答えを見つけました。

ヤモリの卵を見たことがありますか？ 木の皮をめくったり、家の家具のウラ側などに、2つならんだ卵がくっついていたら、それがヤモリの卵です。そして首のところのカルシウムのカタマリは、卵のカラを作るときのために、カルシウムをためておくところというのです。ナルホド。これでまたひとつ、ぼくも骨のことを知ったのでした。

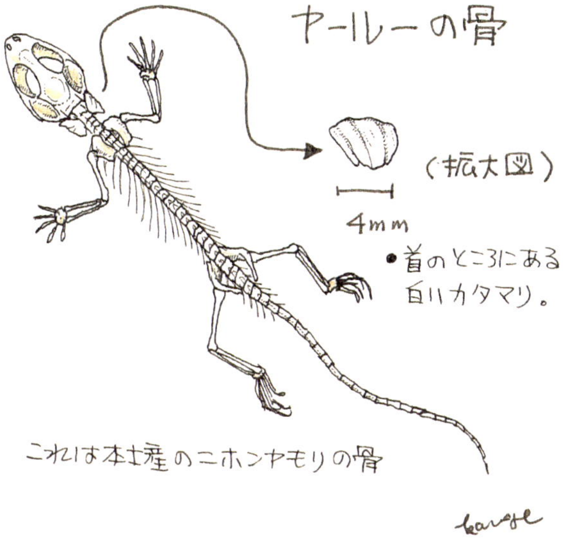

【ちょっと解説】

沖縄の家屋でよく見られ、ケケケケ……と鳴き声を発するのは、ホオグロヤモリ。世界の熱帯、亜熱帯に分布し、人為によって移入された地域も多いと考えられている。本土では別の種類のニホンヤモリが見られる。

カエルの骨

「カエルに骨ってあるの？」

久茂地《くもじ》の図書館で、子供たちに骨の話をしました。クジラの骨やウマの足の骨などいろんな骨を持っていきました。そして最後に質問をしてもらったら、ある子がそんなことをきいてきたのです。

「カエルにも骨はあるけれど、ぼくはあんまりカエルを骨にしたことないなぁ」

そう返事をしました。そこでヒマを見つけてカエルの骨とりに挑戦《ちょうせん》です。前に石垣島の道ばたでコガタハナサキガエルのミイラを拾っておいたのを思いだしました。このミイラをナベでちょっと煮て、それから入れ歯用洗浄剤を溶かした水につけこんで肉をやわらかくしていきます。

ところがちょうど東京に行く用事ができました。しばらく家をあけてもどってみると。あらら。カエルは手足がバラバラになってしまいました。どうやらつけこみすぎたのです。こうしてバラバラになった骨は、どうにも組みたてられませんでした。その後、オオヒキガエルの骨とりもしてみます。今度は丈夫な皮がなかなか溶けてくれません。カエルの骨とりがうまくなるのはまだまだのようです。

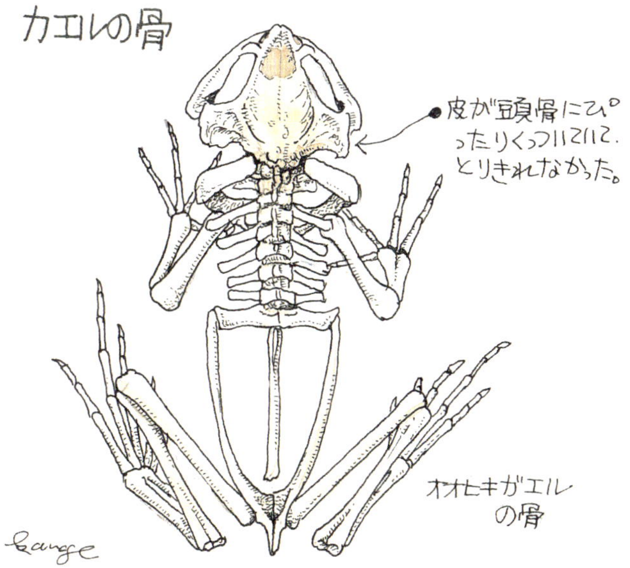

【ちょっと解説】

オオヒキガエルはアメリカ原産のカエル。サトウキビの害虫《がいちゅう》駆除《くじょ》の目的で、世界の各地に移入されたが、増加してしまい問題となっている。沖縄では大東島にまず移入された後、1978年に石垣島に持ち込まれた。

海岸の骨

「ゲッチョ、これは何の骨？」

「それはヤギの下アゴだよ」

渡嘉敷島に生徒たちと行った時、海岸でヤギの骨を見つけました。アツシなどは頭の骨を3つも見つけたほど。

海岸には骨がよく落ちています。すっかり白くさらされた骨は、もう煮る必要はありません。水で洗って干しておけばそのままいつまでもとっておけます。ただ、海岸で骨を拾った時、困ることが一つだけあります。それはバラバラになった骨の正体が、何だかわからないことがあることです。

「これは何の骨？」

ぼくの学校の校長をしているホシノさんが、一つの骨を持ってきてそう聞きます。本部町《もとぶちょう》の海岸で拾った骨だそう。

「海岸に落ちていたから、ひょっとしてジュゴン？」

ホシノさんは、この骨を見つけた時に、そう思ったそう。でも残念。ジュゴンの骨ではありません。

「これはイノシシの頭の骨。鼻のところがこわれちゃってるやつだよ」

「えっ？ イノシシかぁ」

ホシノさんは残念そう。それでもこんなふうに、すぐに正体がわかることばかりじゃないんですよ。

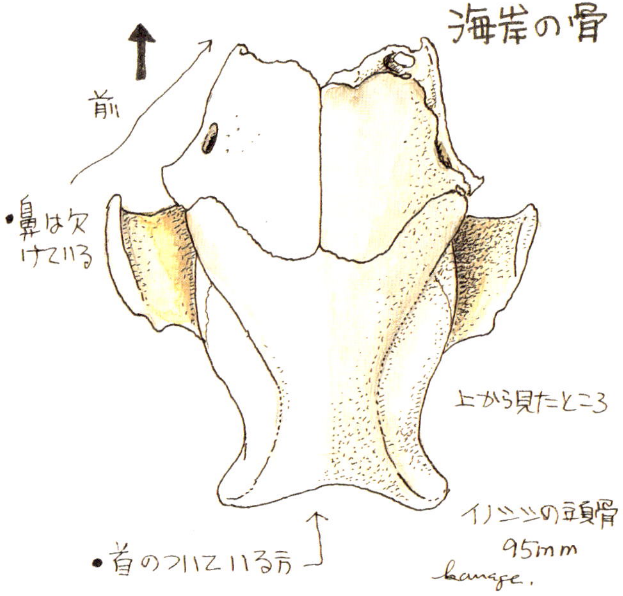

【ちょっと解説】

沖縄の海岸で拾える骨は、ヤギ、イヌ、ネコなど家畜《かちく》のものが多い。海棲《かいせい》動物としては、ウミガメ類の骨に一番頻繁に出会う。ジュゴンの骨は沖縄の各地の遺跡から見つかっているが、まだ海岸で出会ったことはない。

ニワトリ

「久米島の海岸で鳥のミイラを拾ったよ。何という鳥かなぁ。サシバかな？」

スギモト君がそう言って、鳥のミイラの入っているフクロを取り出しました。羽もボロボロで、一目見ただけでは何という鳥かわかりません。

「サシバなら、前にやっぱり海岸でひろって骨にしたものがあるよ」

ぼくはそう言って、サシバの骨をとりだしました。あれ？サシバよりもっと大きいぞ。それにクチバシやツメの形もちがっている……。しばらくして二人とも気がつきました。

「これはサシバじゃなくてニワトリだ」

ニワトリもトサカや尾羽《おばね》がとれてしまっていると、何だかわからないものなのですね。そしてぼくはニワトリのミイラをもらえてとてもうれしくなりました。というのも、ニワトリの骨をそれまで持っていなかったからです。

肉屋さんでも骨つきの肉はよく売っていますが、足の先や頭は手に入りません。それに売っているニワトリは、まだ若いニワトリで骨がしっかりしていないのです。だから、このオトナのニワトリのミイラからちゃんと骨をとろうと、ぼくはとってもはりきりました。

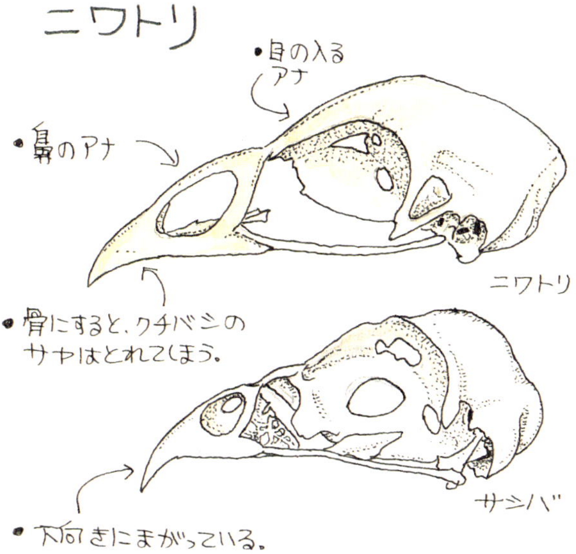

【ちょっと解説】

ニワトリはキジ目キジ科に属している。近縁の鳥としては、キジ、ウズラ、クジャクなどがいる。ニワトリの原種は、東南アジアに分布するセキショクヤケイを中心とするヤケイ類。東南アジアで家畜化され、広まった。

クジャクのアシ？

「ゲッチョ、これヤギのアシの骨？」

しばらく前のこと。海へ遊びに行った友だちのスギモト君が、1本の骨を持ってきてそうききました。

「ううん。これはトリのアシ」

「トリ？」

スギモト君はビックリしています。

スギモト君が見つけたのは、トリのふしょ骨とよばれる骨。アシの指のついている部分の骨です。では何というトリのアシなのでしょう。ニワトリ？ 形はよく似ていますが、もっとずっと大きなもの。そして前に知り合いの獣医《じゅうい》さんからもらった、クジャクの骨と比べてみたら、ドンピシャ。大きさも形もそっくりです。

「これクジャクだよ」

「野性化したクジャクが死んで骨になったのかな」

そんなことを言い合います。

そして最近。スギモト君が、また海岸で骨を見つけて持ってきました。それがトリのふしょ骨。そして大きさも形もやっぱりクジャクそっくりでした。

「沖縄にはそんなにクジャクがすんでるの？」

今度はそれがあらたなナゾです。

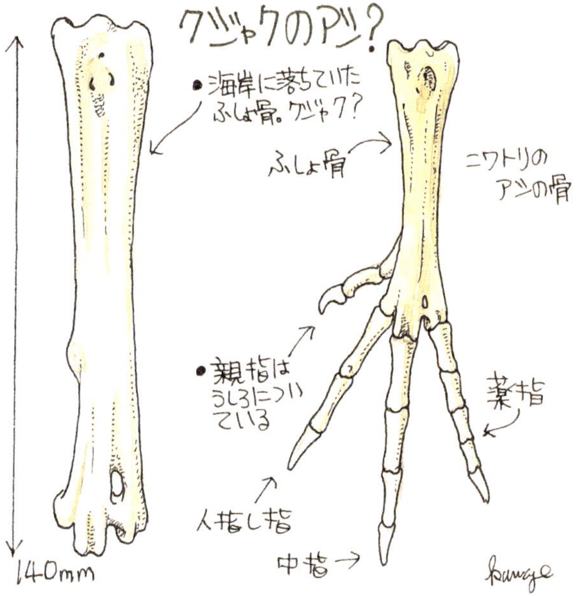

【ちょっと解説】

クジャクとニワトリはともにキジ科に属する。ニワトリは品種によって、体の大きさ、つまり骨の大きさにずいぶんバラつきがある。そのため海岸で見つけたこの骨は、大型のニワトリのものである可能性もある。

ホネックレス

「海岸で変な骨を見つけたので送ります。いったいだれの骨なんでしょう」

こんな手紙といっしょに、紙の箱に入った骨が石垣島のフカイシさんから送られてきました。

箱の中身は何かの下アゴとセボネ。魚の骨のようですが、魚にしてはずいぶんがんじょうなアゴです。こんなアゴをした魚なんていたかな？ しばらく考えてしまいました。

ぼくの家にはあちこちで拾い集めた骨がたくさんしまいこまれています。ナゾの骨の正体をさぐるため、ぼくは昔拾った骨を取りだしてみることにしました。ありました、ありました。同じ形の下アゴをぼくは前に拾っていたのです。それはウツボの骨でした。送ってもらった下アゴには歯がついていませんでしたが、生きているウツボにはするどい歯がついています。こんながんじょうなアゴをした、するどい歯を持つウツボにかまれたら大変だな。ぼくはそう思いました。

アゴといっしょに送ってもらったセボネはどうしようかな。これまたしばらく考えたあと、ぼくは学童保育所の子供たちと骨遊びをすることにしました。ウツボのセボネやビーズ玉を糸に通してネックレスを作ったのです。骨のネックレス。名づけてホネックレスです。

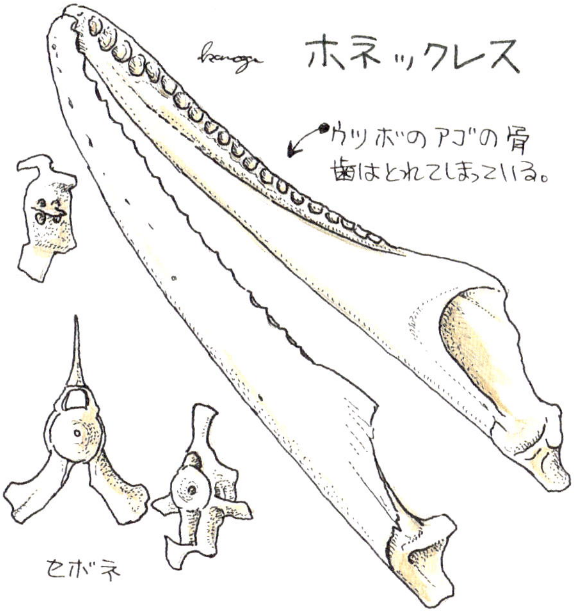

【ちょっと解説】

ウツボ科の魚は、日本近海から、50種ほどにものぼる種類が報告されている。細長い魚体をしたこの魚はウナギ目に属する。沖縄では、ニセゴイシウツボやオナガウツボなどを食用とする。

サメの歯

「ゲッチョ、コレは？」

「うーん。これはただの石」

スギモト君がさし出したものを見てぼくがそう言います。

勝連《かつれん》半島にある海中道路近くの海岸。潮が引くと、このあたりの海岸からはサメの歯の化石が見つかります。ぼくとスギモト君は、サメの歯の化石をさがしにやってきたのでした。

海岸でサメの歯の化石が見つかるなんてフシギですね。じつは、化石の入っている地層がけずられたあと、かたいサメの歯だけ海岸にとりのこされているのです。でも海岸には石がいっぱい落ちています。この石をめくって、その下にかくれているサメの歯をさがすのはなかなか大変なのです。

はじめてサメの歯をさがすことになったスギモト君は、最初どれがサメの歯なのかを見分けるのにひと苦労をしていました。海岸に落ちている小石や貝ガラもサメの歯に見えてしまいます。

「これは？」

「わーっこれは大きなサメの歯だ」

とうとうスギモト君がサメの歯を見つけました。それも、ぼくが拾ったことがないような大きなもの。これはちょっとくやしかったです。

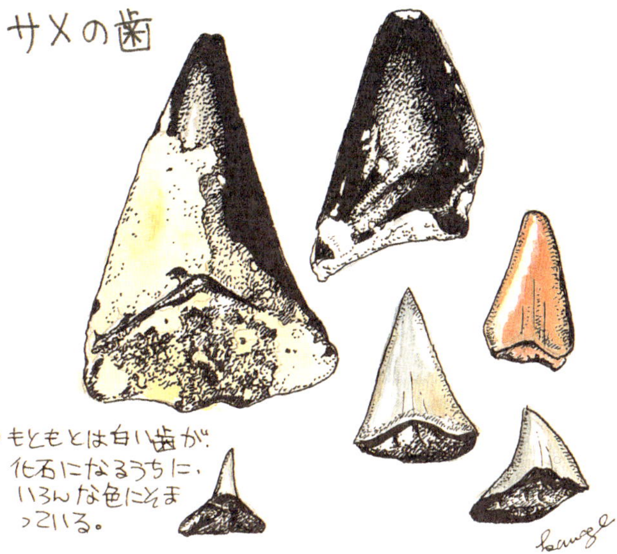
サメの歯
・もともとは白い歯が、化石になるうちに、いろんな色にそまっている。

【ちょっと解説】
軟骨魚類《なんこつぎょるい》であるサメは、体の骨は化石として残りにくい。一方歯はかたい上、生涯に何度も生え換わるので化石として残りやすい。またサメは種類によって歯の形が異なるので、歯だけからでも種類の判別ができる。

スッポンの骨

「何あやしいことしてるの？」

学校のベランダで車座になって砂の山をかきまわしているぼくらに、ノブがそう声をかけてきました。

以前、佐敷町の海岸で大きなウミガメの骨を拾いました。その骨はまだキレイになりきっていなかったので、海岸の砂を入れたポリバケツに入れてしばらく放っておきました。その骨入りの砂をこの日ベランダにあけて、何人かの生徒たちに手伝ってもらってよりわけたのです。

「これは何？」「それはカメの指の骨だよ」「じゃあこれは？」「それは骨じゃなくて貝ガラ」。こんなやりとりをしながら砂山をいじってる時にノブが後からやって来たというわけ。

砂山の中には、実はウミガメの骨のほかにもう一つ骨が入っていました。それはぼくの学校の三線の先生のタケシゲさんが持ってきてくれたスッポンの骨。スッポンは食用にもなります。そしてこのスッポンはタケシゲさんが、料理屋さんから食べたあとの骨をわざわざもらってきてくれたものです。

「やれやれやっと終わった」。よりわけた骨を集めて、砂をまたバケツに集めます。ところが組み立ててみるとスッポンの骨がたりません。大きなウミガメの骨にまどわされて、小さなスッポンの骨をいくつか見落としてしまっていたのでした。

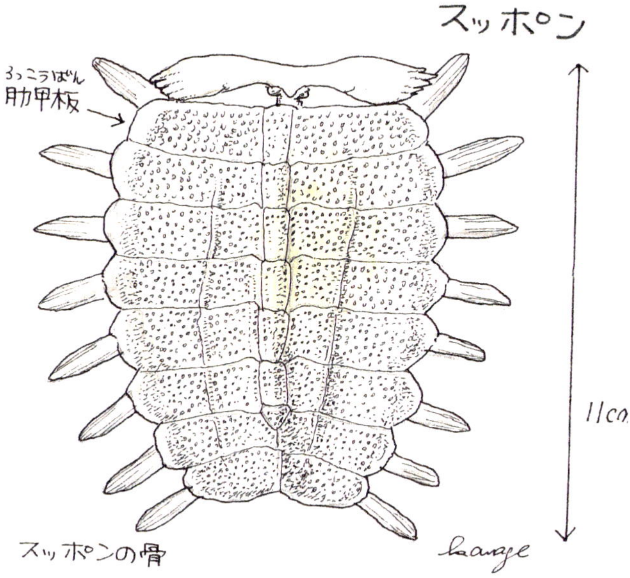

【ちょっと解説】

沖縄のスッポンは移入されたもの。スッポンの甲はほかのカメのように鱗板《りんばん》ではなく、柔らかな皮ふにおおわれている。ただ、その皮ふの下には、ほかのカメ同様、肋甲板《ろっこうばん》という幅広い骨が組み合わさった骨格がある。

食用ガエル

「カエルの話をしてもらえますか？」

やんばる野生生物センターのヒガシオンナさんにたのまれました。ひきうけたものの、ちょっとなやみます。というのもぼくはあんまりカエルのことを知らないからです。そこで考えたあげく、「カエルの骨」の話をすることにしました。

ぼくのてもとにあるカエルの骨をいくつかひっぱりだしました。でも、もう少しカエルの骨がほしいな。そこで国際通りに行きました。

あるお店やさんで、おつまみにカエルのカラアゲがメニューにのっていたのを思いだしたのです。ぼくはカラアゲをたのんで、お肉を食べ、骨をそっと持ち帰ることにしました。カエルの肉はやわらかくて、とてもおいしかったです。

とりだしたカエルの骨は、後ろ足1本分ありました。ならべてみるとなかなか大きいです。食用ガエルとして有名な、ウシガエルの骨のようです。

こうしてカエルの骨をぼくはセンターに持って行きました。

「昔はカエルを食べたよ。焼いて塩をつけてね」

会場に来てくれた一人のおじさんが、そう教えてくれます。ヤンバルにすみ、今は天然記念物となっているナミエガエルは、昔は沖縄ならではの食用ガエルだったのです。

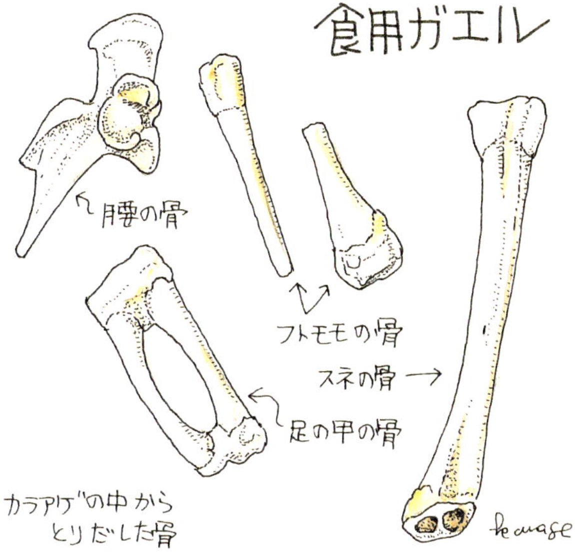

【ちょっと解説】

ウシガエルは北米原産。沖縄には1953年に食用目的で久米島に移入されたのがはじまりという。ナミエガエルは沖縄島、ヤンバル特産の大型のカエル。天然記念物に指定されている。

緑の骨

「どうしたの？　これは色をぬったの？」

ぼくの家に遊びに来た人は、机の上の骨を見ると、必ずこんなふうにぼくに聞きます。

「ううん。色は最初から緑色なんだよ」

そう言うと、みんなびっくり。ぼくだって自分で骨をとるまで、ダツがこんな緑色の骨をもっているなんて、知りませんでした。

しばらく前、生徒たちと那覇の魚市場へ見学に行きました。そのとき、お店でダツが売られていたので、買って帰って食べ、残りを骨にしたのです。ダツは口がとがっているので、時に人間にささってしまうこともあるアブナイ魚です。でも、とんがった口は、骨にしたらカッコイイかも。そう思って作ってみたら、色もきれいな標本になったのです。

調べてみると、この骨の緑色は胆のうという内臓から出る色素がもとなのだそうです。「骨が緑色のお魚なんて食べたくない」。そう思うかもしれませんね。でもそうとは気づかないだけで緑色の骨のお魚をだれでも口にするんですよ。それはサンマ。サンマは口がとがっていないけれど、ダツの仲間なんです。そしてためしにきれいに骨をとってみたら、色はずっとうすかったけど、サンマにも緑の骨がありました。

緑の骨

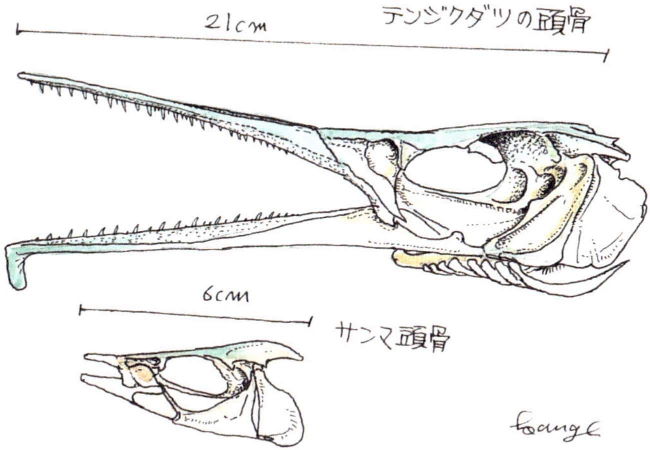

【ちょっと解説】

ダツ目の魚には、ダツ、サンマ、サヨリ、トビウオ、メダカなどがいる。いずれも表層と呼ばれる水面近くでの生活に適応した魚。ダツの骨を青く染めているのは、ビリベルジンという色素で、食べても問題はない。

アバサー

スーパーに晩ご飯の買い物にでかけたら、小さなアバサー（ハリセンボン）が5匹で500円で売っていました。これで決まり。今日の晩ご飯はアバサー汁です。

アバサー汁を食べながら、せっかくなのでアバサーの骨を取り出してみることにしました。

魚の頭の骨は煮るとバラバラになってしまいます。そしてそうなってしまうとなかなか組み立てることができません。でもアバサーの骨はしっかりしていて、煮た後でもなかなかバラバラにはならないのです。

アバサーの骨で特におもしろいのは口です。アバサーの口はくちばしのようです。このがんじょうな口で、カニなどのかたいものもバリバリと食べてしまうのです。そしてよく見ると、この口の内側には歯板《しばん》とよばれる特にかたいところがあります。これがアバサーの歯です。

前に、西表島の貝塚《かいづか》の近くで変なものを拾いました。しばらく首をひねっていたのですが、ようやくそれがアバサーの歯板だということがわかりました。口の骨は長い間のうちにこわれてしまい、特にかたい歯板だけこわれずに残っていたのです。そして昔の人の食べたこのアバサーは、ぼくの食べたものよりずっと大きなものでした。

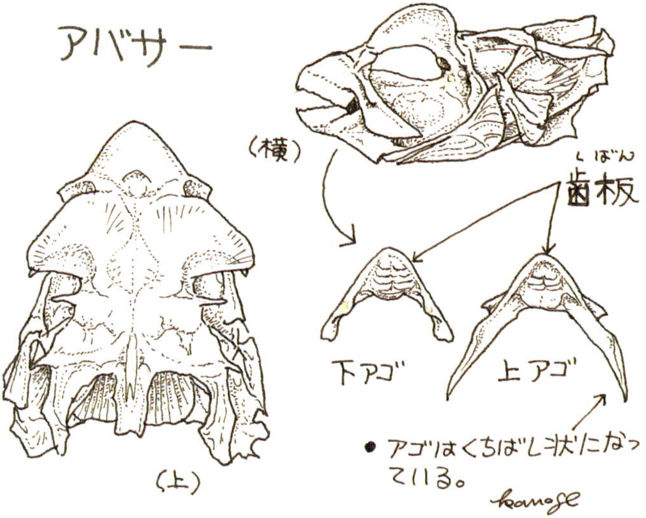

【ちょっと解説】

フグ目、ハリセンボン科に属する。ハリセンボンの針はウロコが変化したもの。フグの仲間は魚の中では最も進化したもので、骨も特殊化しており、腹ビレや肋骨がない。その分、全身骨格を作るのも、ほかの魚に比べて容易。

アバサーの歯

名古屋の大学で、魚の研究をしている先生から手紙がとどきました。

「ハリセンボンを送ってくれませんか？」という手紙です。

本土ではハリセンボンを食べないので、沖縄のように市場で見かけることがあまりないのです。でも困ったことがありました。沖縄の市場でも、ハリセンボンはみんな皮をむかれて売られていることです。

名古屋の先生は、ハリセンボンの歯（歯板）の化石を研究しています。そしてハリセンボンも種類があるので、化石の歯と、今のハリセンボンの歯を比べて名前を知りたがっています。ところが皮をむかれたハリセンボンでは、本当の名前がわかりません。

「えーっ。アバサーのもようのちがいって、種類のちがいだったの？」

この話を釣《つ》りずきのシロマニーニーにしたら、そんなふうにおどろいていました。それでもニーニーのおかげで、生のままのハリセンボンを手に入れられました。ヒトヅラハリセンボン。ネズミフグ。ハリセンボン。イシガキフグ。こうして4種類のハリセンボンをぼくは手に入れ、骨にして先生のところへ送ったのでした。

アバサーの歯
・ヒトヅラハリセンボンの胃
の中身。
かたい歯（歯板）で、貝や
カニをバリバリ食べている。
カニ
アバサーの歯の
化石。（歯板の
化石）
サザエ
ウニ

【ちょっと解説】

那覇の公設市場で売られているのは、主にヒトヅラハリセンボンかネズミフグ。ネズミフグは体全体に小さな黒点が散っているのに対し、ヒトヅラハリセンボンは白いふち取りのある、大きな黒斑がある。

タイのタイ

ぼくの家の冷蔵庫の冷凍室《れいとうしつ》は、食べ物がほとんどはいっていません。拾ってきたドングリとか、鳥の死体とかでいっぱいだからです。でももう拾ってきたものも入りきらなくなりそうだったので、ヒマをみつけてかたづけることにしました。

大きな魚がでてきました。ヨギ君にもらったテラピアです。さっそく煮て骨にします。

頭の骨をとったあと、もうひとつ見てみたい骨がありました。それはムナビレのつけ根の骨です。これは「タイのタイ」ともよばれています。

タイを食べることがあったら、このムナビレの骨を見てみてください。ちょうど魚の形をした骨が見つかるはずです。魚の中に、魚の形をした骨がある。だからついた名前が、タイのタイなのです。テラピアのタイのタイ（ちょっと変ないい方ですけど）は、とりだしてみるとなかなかかわいらしい形をしていました。

ある日、レストランでアカハタのマース煮を食べました。やはりせっかくなので骨をとります。

「カイボウしたの？」。料理を作ったミドリさんは、ぼくの食べたあとを見て、わらってそういいました。ぼくが骨が好きなのを知っていたんです。

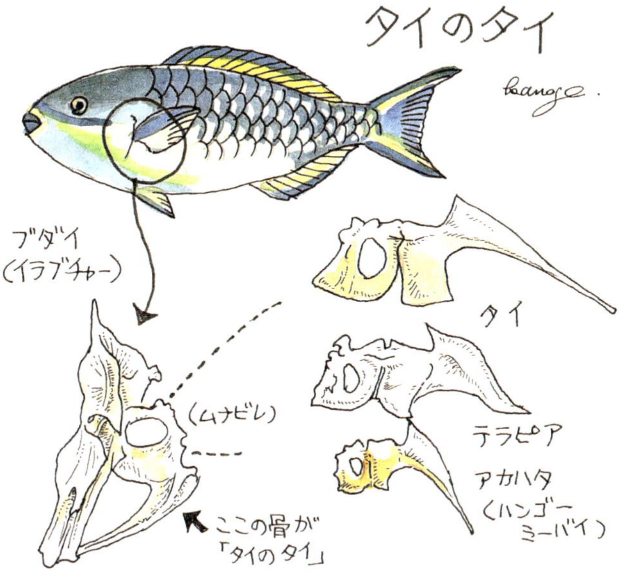

【ちょっと解説】

「タイのタイ」とは肩甲骨《けんこうこつ》と烏口骨《うこうこつ》が合わさったもの。人間の肩の骨の起源にあたる部分。魚によってさまざまな形をしているが、中にはウツボのように胸ビレがないため、「タイのタイ」が退化してしまっている魚もいる。

あとがき

埼玉に住んでいた頃も、よく沖縄には遊びに来てはいたのですが、やはり住んでみてわかるということがたくさんあります。市場に並ぶ魚。畑仕事で出会う虫。そんなことが、一つ一つ新鮮な驚きでした。

小さな頃に出会った自然というものは、一生忘れることがありません。千葉生まれのぼくにとっては、何を見ても千葉の自然が基準になっています。今は日本中、どこに行っても同じようなくらしができますが、一歩外に出れば、そこで待ちうけている自然は、その土地、その土地ならではのものと思います。だから沖縄の身近な自然は、沖縄の子どもたちにとっての宝ものと思うのです。

そんな沖縄の子どもたちの宝さがしの手助けができればいいなぁと思っています。ヤンバルや西表島だけでなく、那覇の街中にも宝ものはかくれているはず、と思うのです。何より、ぼく自身がいつまでたっても子どものままなのかもしれませんけど。

この本は、沖縄タイムスの日曜版「ワラビー」に週一回、連載している「ゲッチョセンセの沖縄おもしろ博物学」をまとめたものです。ただ、まとめるにあたって、文章などには少し修正を加えてあります。沖縄に引っ越してきたばかりのぼくに、こんな仕事のチャンスを与えてくださった沖縄タイムス学芸部の方々に感謝します。

もちろん読んでみてわかるように、他のいろいろな方のおかげでこの本はできあがりました。

「この虫は何？」

キッキやレイやソナたち、ぼくの学校の生徒たちのそんな質問が、いろんな発見のキッカケになっています。ゲンさんやスギモト君やヨギ君などなど、友人たちもいろんなことを教えてくれました。

沖縄生まれのオジィ・オバァは、ぼくにとっての大先生です。

みんな、みんなありがとう。

さくいん

虫となかよくなろう

骨を観察しよう

本書の主な参考文献

『日本動物大百科』8～10巻（平凡社）
『沖縄昆虫野外観察図鑑』1～4巻 東清二 編著（沖縄出版）
『原色日本蛾類図鑑』上・下 江崎悌三 他（保育社）
『琉球列島産昆虫目録』 東清二 監修（沖縄生物学会）
『日本動物大百科』5巻（平凡社）
『沖縄の帰化動物』（沖縄県立博物館）
『日本の魚』 上野輝彌 他（中公新書）
『骨の学校2』 盛口満（木魂社）

盛口 満（もりぐち・みつる）

1962年千葉県生まれ。千葉大学理学部生物学科卒。現在沖縄在住。珊瑚舎スコーレ講師。沖縄国際大学非常勤講師。

主な著書に『西表の巨大なマメと不思議な歌』『ドングリの謎』（どうぶつ社）『骨の学校2 沖縄放浪編』（木魂社）『青いクラゲを追いかけて』（講談社）『教えてゲッチョ先生 昆虫の?が!になる本』（山と渓谷社）など。

ゲッチョセンセのおもしろ博物学

虫と骨編

2005年6月30日　第一刷発行

著　者　盛口　満

発行者　宮城　正勝

発行所　（有）ボーダーインク
沖縄県那覇市与儀226-3
電話098-835-2777
FAX098-835-2840

印刷所　（株）近代美術